Shikama Shinsuke

鹿間信介

LTspiceで
独習できる！
はじめての
電子回路設計

講談社

サンプル回路図について

　本書掲載のLTspice回路図（図の表題に「Ex*_*」がついているもの）は，下記Webサイトからダウンロードできます。

『LTspiceで独習できる！　はじめての電子回路設計』 サポートページ

https://www.kspub.co.jp/book/detail/5274071.html

まえがき

　初心者が電子回路の学習を始めると，面倒な計算の多さに興味をなくしてしまうようなことが多くあります。逆に，電子回路工作に興味をもってこの分野に入ってきた人にとって，回路の組み立て作業はできても理屈がわかっていないので，回路を構成する部品のパラメータが回路システムの中でどういう意味をもっているのか，見通せずもがいていることがままあると思われます。電子回路について教室で学んだ人が，個別電子部品を入手し組立てて実験しようにも，オシロスコープなどの計測器がなく，実験につきものの動作不具合に直面して戸惑う姿もよく見かけます。

　本書では，電子回路の知識を自分の「使える技術」としてブラッシュアップしていきたいと考えている人に向けて，LTspice（本書ではLTspiceXVII）という電子回路シミュレータ・ソフトウエアを使って独習で学びを進められるように構成しました。トランジスタ，FET，OPアンプといった必須の半導体部品の動作の解説と同時に，サンプル回路のシミュレーション実習をとおして各部の動作を確認することで，半導体部品とこれを組み合わせた基本的な機能回路の動作を確認することができます。電子回路に関しては多数の優れた教科書が出版されていますが，本書では説明を進める上で必要な数式については途中を飛ばすことなく丁寧な説明を心がけました。これを追っていくのが面倒な人は読み飛ばして，実習の部分に進み，後で必要に応じて見返すようなスタイルで読み進めて頂いても結構です。また，LTspiceの操作説明については，独学者が手元において参照しながらサンプル回路を入力して動作確認の各種設定ができるように記述しています。本書の実習事例にしたがって，自分のPCを使ってシミュレーションを追試すれば，電子回路の設計に必要な動作原理の理解を，シミュレータ上の仮想計測器で確認しつつ深めることができます。この結果，教科書に書かれている基礎的な知識を，自分の目的にあった用途に展開できる「活きた知識」に転換できるものと確信しています。

　LTspiceは無償提供されているシミュレータでありながら，企業内でも設計業務に使われるなど，非常に多機能かつ本格的なツールです。したがって，一冊の本の中で全機能の解説をすることは無理があります。本書を読み終えた後は，LTspiceに関する専門書籍の情報や，ネット上で提供され日々更新されている関連情報を自分の利用目的に即して理解し，応用していくことができるようになるはずです。そのためのガイド役として本書を利用していただければ，筆者としてこの上ない喜びです。

2022年3月

鹿間　信介

目次

第**7**章 LTspiceの進んだ利用法 191

第1章 電子回路シミュレータについて

「電子回路シミュレータ」は回路図を書き込むだけで各種特性をグラフ表示してくれる便利なツールです。最初に，「電子回路シミュレータの機能概要」や「おおまかな構成」，「電子回路シミュレータではできないこと」について説明します。次に，本書で利用するLTspiceXVIIのインストール方法と基本設定を説明し，半導体デバイスメーカが提供するデバイスモデルを入手する方法について解説します。

1.1 …… 電子回路シミュレータの概要

電子回路回路シミュレータとは，入力した回路図の任意の点の電圧や電流の値などをPC上で計算し，画面上に波形で表示するソフトウエアです。電子部品や信号を配線することで，回路を作成しなくても，入力した回路の動作波形をPCで確認することができます。また数式や図だけでは実感がもてなかった回路も，部品の値や入力信号を変えながら実行することで，より深く回路の法則や動作を理解することができます。電子回路シミュレータにはおおまかに次のような機能があります。

(1) 回路図エディタ：PCの画面上で部品を並べて配置・配線することで回路図を作成できます。

(2) 動作点解析：回路図各部の直流電圧と直流電流を計算して表示する機能です。

(3) DCスイープ：電子回路の入力信号の直流電圧を変化させて解析する機能です。例えば，ダイオード，トランジスタ，OPアンプ等の直流特性（DC特性）を解析するのに使います。

(4) 過渡解析：回路各点の経時的な変化をシミュレーションする機能です。イメージとしてはオシロスコープによる波形観察と似ています。

(5) AC解析：信号源の周波数を変化させて回路の出力（応答）を調べる解析機能です。例えば，OPアンプ回路やフィルタ回路の周波数特性を解析するのに使います。

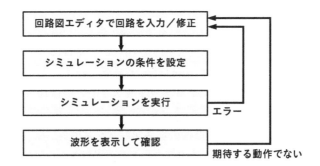

図1-1　シミュレーションの手順

以上のような機能をうまく使い分けて，実際の回路の動作の模擬だけではなく，値のばらつきの影響を調べるなど，実験では確認が難しいような解析を行うことができます。一般に電子回路シミュレータでは図1-1の手順でシミュレーションを実行します。まず回路図エディタで回路を入力し，シミュレーションの条件を設定してから計算を実行します。ここでエラーが出た場合は回路の入力に戻って不具合点を修正します。また回路の応答（電圧や波形）を確認した後，期待する動作になっていない場合や使用部品を変えたいときには，回路の配線，使用する部品，素子の値などを変えてから再度シミュレーションを行います。この操作を繰り返すことで期待する結果を得ることができます。

　図1-2に，本書で使用するLTspiceに含まれる機能の構成を示します。LTspice以外のシミュレータの場合も似たような構成です。図の括弧内の文字列は，LTspiceにおけるデータファイルの拡張子を示しています。各データの内容については本文で順次説明します。以下に各部の機能について簡単に説明しておきます。

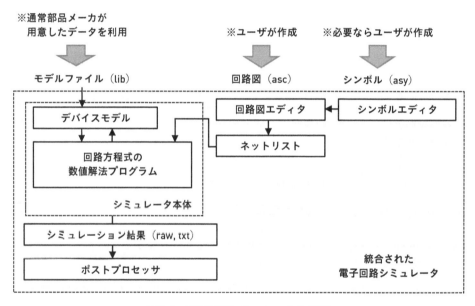

図1-2　電子回路シミュレータの構成

● 回路図エディタ：LTspiceに付属している回路図を描くツールです。ユーザは回路図エディタを使ってディスプレイ上で電子回路を作成し，回路シミュレーションを実行するわけです。作成した回路図は「asc」という拡張子のファイルとして保存します。LTspiceは入力された回路図を元に，「ネットリスト」と呼ばれる部品の接続情報のファイルを生成します。

● シンボルエディタ：LTspiceの回路図の部品記号（シンボル）は，「asy」という拡張子のファイルで作成および保存します。あらかじめ用意された部品記号が自分の目的に合わない場合には，シシンボルエディタを使って独自の部品記号を作り，回路図エ

ディタに呼び出して使用します。

- シミュレータ本体：回路図エディタが出力したネットリストに基づき，各種の回路特性を数値計算によって求めるプログラムです。半導体デバイスの特性を計算するための「デバイスモデル」と，回路方程式の数値解法プログラム（ソルバ）が組み込まれています。
- ポストプロセッサ：シミュレーション結果をグラフに表示し，値を読み取ったり，さらにデータを加工したりするためのプログラムです。

　使いこなせば電子回路シミュレータは大変強力な電子回路の設計・評価ツールになりますが，人間の代わりに回路設計をしてくれるわけではありません。したがって，シミュレータを使う人間に正しい回路知識がないと，誤ったシミュレーション結果でも正しいものと信じることになりかねません。大まかにいうと以下のような制限があります。

- 過電圧や過電流などによるデバイスの破損はシミュレーションできない。
- 「配線容量」「配線抵抗」などの「寄生素子の影響」を，自動的には計算してくれない。
- 「すべての部品のモデル」が用意されているわけではない。

　特に，使う部品のモデルがない場合はシミュレーション自体が実行できないため，部品の簡易的な等価回路を作って回路の特性を把握することがよく行われます。デバイスの簡易等価回路を作るには正しい電子回路の知識が必要となることはいうまでもありません。

1.2 …… LTspiceXVII のインストール

　LTspiceは無料で利用できるにもかかわらず，シミュレーションをする回路の部品数や配線数に制限がなく，シンプルな操作体系をもつため，初心者からプロまで幅広い電子回路設計者に使われています。

LTspiceのダウンロードとインストール

　アナログ・デバイセズ社のWebサイト（https://www.analog.com/jp）からは，Windows版とMacOS X版のLTspiceXVIIがダウンロードできますが，本書では利用実績が多いと思われるWindows版のLTspiceについて説明をします。上記WebページからLTspiceのページ（図1-3）に移動し，自分のPCのWindowsのビット数に合わせて「Windows 7, 8 and 10の……」のアイコンをクリックするとLTspiceXVII.exeが自分のPCにダウンロードされます。この後画面の指示に従ってインストールを進めると，デスクトップに「LTspiceXVII」のアイコンができます。なお，上記LTspiceのダウンロードページには，関連する技術記事，アナログ・デバイセズ社のセミナー情報，SPICEシミュレーションモデルなどが掲載されておりユーザにとって便利に作られています。

図1-3　アナログ・デバイセズ社のLTspiceダウンロードページ

▓ LTspice の起動と初期設定

　LTspiceの起動は，デスクトップにできたアイコンをクリックするか，Windowsのスタートメニューから，「LTspiceXVII」を選びます。起動したらLTspiceを使いやすくするために，次の初期設定をしてください。

▷ コントロールパネル設定

　LTspice XVIIはデフォルトでシミュレーションの結果のファイルを保存する設定となっています。ところが，シミュレーション結果を保存しておいても，後からシミュレーション結果を読み出すことはごくまれで，ほとんどの場合がPCのHDDやSSDを圧迫するだけのファイルとなってしまいます。そこで，シミュレーションを終了するときに，これらシミュレーション結果のファイルを削除する設定に変更します。

　LTspice XVIIの左上のコントロールパネル（金槌マークのアイコン）をクリックし，「Control Panel」を開きます（図1-4）。「Operation」タブをクリックして，「Automatically delete. raw files」のチェックボックスにチェックを入れてOKをクリックします（図1-5）。これで，LTspiceを終了するときに，シミュレーション結果の波形ファイルを自動削除してくれますので，PCのストレージ容量を節約できます。

図1-4　Control Panel（金槌マーク）アイコンをクリック

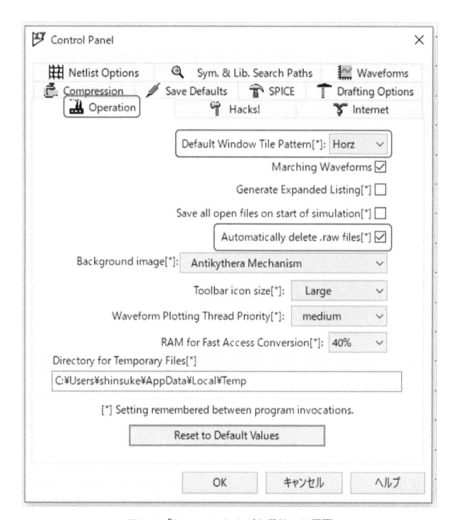

図1-5　「Operation」タブを選択した画面

　同じ「Operation」タブの中に，「Default Window Tile Pattern」がありますが，「Horz」を選ぶと回路画面とグラフ画面が縦に並んで表示され，「Vert」を選ぶと両方の画面が横に並んで表示されますので，好みに応じて設定してください。

さらに，「Netlist Options」タブの中で，Style/Convention欄の「Convert 'μ' to 'u'」にチェックが入っているか確認してください（図1-6）。この設定は単位で使用するμ（1e-6）をuで表記するためのものです。最後にOKをクリックして初期設定を完了します。

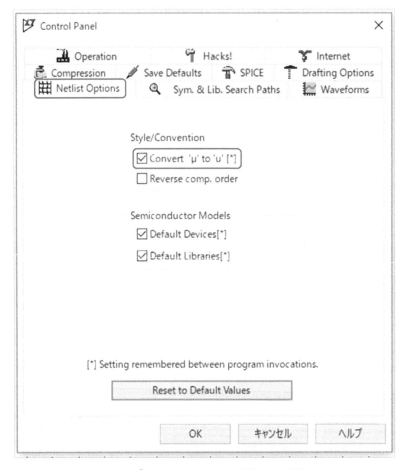

図1-6 「Netlist Options」を選択した画面

表示色設定
次の表示色の設定はLTspiceを使ってみて好みに応じて変更するとよいと思います。

- Toolsメニューから「Color Preferences」⇒「Schematic」タブを選択（図1-7）。
- 「Selected Item」のドロップダウンリストから「Background」を選択（図1-8）。
- 「Selected Item Color Mix」欄でRed = 255，Green = 255，Blue = 255に設定してOKボタンをクリックする。こうすると回路図の背景が白になります。好みに応じてR/G/Bの割合を調整してください。
- これ以外に，「Wave Form」タブから，表示するグラフの背景色（Background）や線の色（Trace）が変更できます。実際にLTspiceを使用していく中で，見やすいように変更するとよいでしょう。

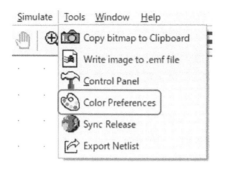

図1-7　Tools メニュー →「Color Preferences」

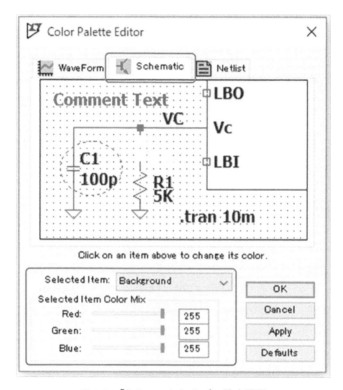

図1-8　「Schematic」タブの設定画面

1.3 …… サードパーティ製半導体デバイスの利用法

　LTspiceをインストールすると，アナログ・デバイセズ社，および旧リニアテクノロジーズ社の半導体デバイスと，いくつかの標準的なディスクリート半導体デバイスのデータがインストールされます。シミュレーションをする上で，デバイスライブラリに標準で登録されていない部品を使いたいことがよくあります。この場合には，デバイスメーカが無償で提供するデバイスモデルデータ（SPICEモデル）をダウンロードして追加するか，モ

デル販売業者から購入して利用する必要があります。LTspiceはSPICEの基本文法をサポートしているため，一般的なSPICE形式（PSpiceなど）で供給されているSPICEモデルは基本的にそのまま利用可能です。今回はライブラリに登録されていないOPアンプとMOS-FETを追加して利用する事例を紹介します。

▧ OPアンプのデバイスモデル入手例

OPアンプ回路の設計（第5章）で使用する部品として，国内で入手が容易で汎用性のあるNJM4580（日清紡マイクロデバイス（旧NJR）社），TL082（Texas Instruments社）のデバイスモデルの入手方法を説明します。

▶ NJM4580

- NJR社のPSpice用マクロモデルのWebページを開く（図1-9）。
  (https://www.nisshinbo.microdevices.co.jp/ja/design-support/macromodel/)

- NJR社ではOPアンプのマクロモデルをZIPファイルの形で個別に提供しています。

- ZIPファイルを解凍して「NJM4580_v2_NewJRC」フォルダから「njm4580_v2.lib」ファイルを取り出し，拡張子をtxtに変更（njm4580_v2.txt）して回路図ファイルを作成するデスクトップ上のフォルダに移動します[1]。拡張子はlibのままでもよいですが，テキストエディタなどで内容を確認しやすいように変更しておくとよいでしょう。またこの作業フォルダには，回路部品のシンボル（.asy），デバイスモデル（.txtまたは.lib），回路図（.asc）を一緒に入れておくと，LTspiceを再インストールしたときに自分で追加したデバイスモデルやシンボルが消えてしまうことがないので便利です[2]。

- 上記ファイルをテキストエディタで開くと，「.subcktnjm4580_s 1 2 3 4 5」という記述があり，5端子モデルのOPアンプのサブサーキット（等価回路モデル）を「njm4580_s」という品番で呼び出すことがわかります。「njm4580_s」の後の数字は端子番号ですが，ICのピン番号とは関係のない任意の番号が使われています。

---

1 フォルダ名は英文字であれば任意ですが，フォルダへのパスには日本語文字を含まないようにしてください（例：C:\Users\user1\Desktop\LTspiceSIM）。
2 作業フォルダのpathをControl Panel（金槌マーク）より，「Sym. & Lib. Search Paths」タブを開き，Library Search Pathの空欄に書き込んでおくと，回路へのオリジナル部品組み込みに便利です。pathはWindowsのFile Explorerの上部に表示されているアドレスを右クリックし，「アドレスをテキストとしてコピー」でコピーすると間違いがないです。

図1-9 日清紡マイクロデバイス（旧NJR）のPSpice用マクロモデルのサイト

▷ **TL082**

● MouserElectronics社の下記Webサイト上部の検索窓より，半導体の型名検索⇒メーカ部品番号⇒文書よりPSpice Model（ZIPファイル）をダウンロードし，ファイル解凍後，ファイル拡張子を「txt」とします[3]。

● MouserElectronics社：https://www.mouser.jp/c/semiconductors/

● 部品番号TL082CP⇒文書より「TL082, TL082A, TL082B PSpice Model」をダウンロード⇒「sloj070.zip」を解凍⇒「TL082.301」というファイルを「TL082.301.txt」とした後に自分の作業フォルダに移動します。

● 上記ファイルをテキストエディタで開くと，「.SUBCKT TL082 1 2 3 4 5」という記述があり，5端子モデルのOPアンプのサブサーキット（等価回路モデル）を「TL082」という品番で呼び出すことがわかります。

3　2020年9月のPSpice for TIのリリースとともにTexas Instruments社のWebサイトではSPICEモデルを提供しなくなりました。MouserElectronics社のWebサイトではTI社製OPアンプのPSpiceモデルの提供を継続しています（2021年12月現在）。

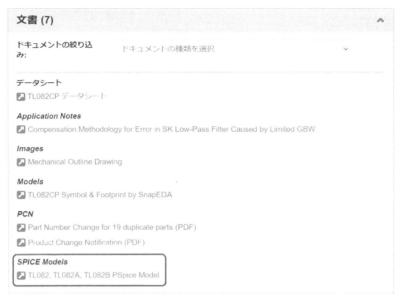

図1-10　MouserElectronics 社Web サイトで「TL082CP」の文書を表示した結果
（2022年2月現在）

MOS-FETのモデル入手例

　MOS-FET回路の設計（第4章）で利用する「2N7000」のデバイスモデル入手方法を説明します。

- ON Semiconductor社のシミュレーション・モデル提供ページを開きます。
  (https://www.onsemi.jp/design/resources/design-resources/models)
- 検索ボックスに「2N7000」と入力して検索実行します（図1-11）。
- 「PSpice Model」をクリックして「2N7000.REV0.LIB」をダウンロードします。
- ファイル名を「2N7000.REV0.txt」として自分の作業フォルダに移動します。
- 上記ファイルをテキストエディタで開くと，「.SUBCKT 2n7000 1 2 3」という記述があり，3端子モデルのMOS-FETのサブサーキット（等価回路モデル）を「2n7000」という品番で呼び出すことがわかります[4]。
- ちなみに「PSPICE」をクリックしてダウンロードできる「2N7000.mod」をテキストエディタで開くと，「.SUBCKT 2N7000 20 10 30 50」という記述があり，4端子モデルであることがわかりますが，本書では上記3端子モデルを使用します。

4　2N7000はサブサーキット・モデル（.subckt）で記述されています。この場合，4.1節で実習するように，部品シンボルに対して，Component Attribute EditorでPrefix = Xと設定することが必要です（堀米2013, p.70参照）。これとは別に，SPICEモデルがパラメータ・モデル（.model）で記述されている場合には回路図中に「.model」コマンドで定義して使用できます。

図1-11　ON Semiconductor社サイトでのデバイスモデル検索例

　以上，3つの事例に絞ってデバイスモデルの入手法を説明しましたが，商用の代表的な電子回路シミュレータ（PSpice）を提供するCadence社の運営するWebサイトPSpice.com（https://www.pspice.com/）では，半導体各社のデバイスモデルが検索できます。さらに，一部の半導体メーカのデバイスモデルがダウンロードできます。LTspiceに標準実装されていない部品をLTspiceで使う上で大変便利です。また使う部品のモデルが入手できない場合には，部品の簡易的な等価回路を作ってシミュレーションを実行して，回路の動作特性を把握することもよく行われます。

memo

LTspiceの基本操作

　ここでは簡単な回路図を入力して，シミュレーションでその動作を確認します。前の章でインストールしたLTspiceを起動して，実際に操作しながら練習してください。取り扱う部品はダイオード，抵抗，キャパシタ，インダクタ，電源といった基本的なものに限定しますが，LTspiceの大まかな操作が体験できます。

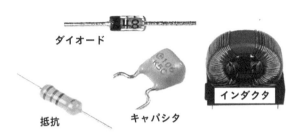

ダイオード

抵抗　　キャパシタ　　インダクタ

図2-1　本章で使用する部品の外観例

2.1 ⋯⋯ 回路図入力と保存

　例題としてダイオードを直流電源につないで電流を流す回路を入力します。簡単な回路ですが，ダイオードをLEDに交換すると実際にLEDを点灯することができます。完成した状態を図2-2に示します。

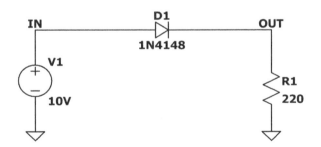

図2-2　ダイオード回路の完成状態

■ 部品（シンボル）の配置と調整

　LTspiceを起動して，ツールバーの「New Schematic」ボタンをクリックして空白の回路図シートを作ります（図2-3）。続いて使用する部品を順次呼び出して配置します。

図2-3 「New Schematic」ボタンをクリック

ダイオードの配置

- ツールバーの「Diode」ボタンをクリック。
- 回路図シート上でマウスカーソルがダイオードの形に変化します。
- 回路図シート上の適当な位置をクリックして配置。
- 続いて同じ部品を配置しない場合[ESC]キー，もしくは右クリックで解除。以下同様。

図2-4 ツールバーの部品入力関係のボタン[1]

抵抗の配置

- ダイオードの場合と同様に「Resistor」ボタンをクリックして適当な場所に配置。

グラウンドの配置

- 「Ground」ボタンをクリックして適当な場所に2個配置します。グラウンドは回路電位の基準を決めるのに必要です[2]。グラウンドを複数置いた場合，すべて同じ電位（0 V）になります。

電源の配置

- 「Component」ボタンを押して，「Select Component Symbol」フォームを開きます（図2-5）。
- 「voltage」を選んで「OK」ボタンをクリックし，回路図シート上の適当な位置に配置する。

1　慣れてくると，抵抗は[r]，キャパシタは[c]，インダクタは[l]，ダイオードは[d], Component は [F2], Wire は [F3] で呼び出すと便利です。

2　少なくとも1個のグラウンドが入ってない回路はシミュレーションできません。

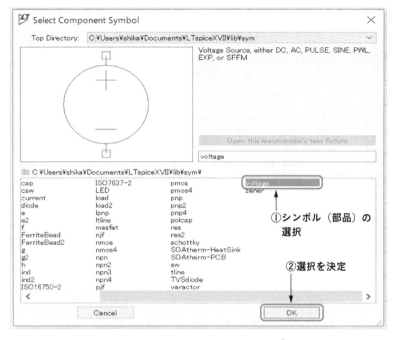

図2-5 Select Component Symbolでvoltage[3]を選択した

▶ シンボルの向き変更

- ツールバーの「Move」または「Drag」ボタンをクリックしてシンボルを外形表示にします（図2-6）。「Move」はシンボル単独で移動させ，「Drag」は配線をつないだまま移動させます。
- ツールバーの「Rotate」または「Mirror」ボタンをクリックして，90度回転または左右反転させます。
- シンボルの向きを変更するショートカットキーは，（[CTRL]+[r]：Rotate）および（[CTRL]+[e]：Mirror）です。頻繁に使うので覚えておくと便利です。

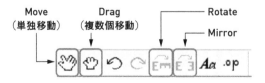

図2-6 シンボルの移動，向き変更のボタン

----

3 「voltage」は，正弦波，パルス，所定の電圧に変化するステップ信号など通常使用する信号を発生することができます。電池などの直流電源としても利用できる万能の電圧源です。

配線

すべてのシンボルが配置できたら配線を行います。完成した回路図（図2-2）を見ながら次の手順で配線してください。

- ツールバー（図2-4）の「Wire」ボタンをクリック。
- 配線モードになって，回路図シート上に十字カーソルが表示される。
- シンボル端の小さい□の部分をクリックして部品のシンボルに配線を接続します。
- 配線の接続先の□をクリックすると配線が完了します。
- 配線を折り曲げたいときは，空白部分をクリックすると方向を変えて配線できます。
- 配線モードを終了するときは[ESC]キーを押す，または右クリックで終了します。

素子値と品番の設定

表2-1の部品リストに従って次の手順で素子値と半導体（ダイオード）の品番を入力してください。

表2-1　部品リスト

部品ラベル	部品名	素子値または品番
V1	voltage	10 V
D1	Diode	1N4148
R1	Resistor	220 Ω

- 素子値（初期状態は「V」，「R」，「D」と表示）を右クリック[4]。
- 「Enter new Value」フォームが表示されます。
- 入力欄に値（ダイオードは品番）を入れてOKボタンをクリック。
- ダイオードのデバイスモデルがLTspiceの標準ライブラリに搭載されているかどうか不明な場合，ダイオードのシンボル上で右クリックして，Diodeの設定フォームを開き，「Pick New Diode」ボタンから，「Select Diode」ウィンドウを開き，1N4148を選択した後にOKボタンを押しても品番が設定できます。

回路図の編集

以下の機能は回路図入力の過程で頻繁に利用する機能です（図2-7）。

回路図の拡大

- ツールバーの「Zoom to rectangle」ボタンをクリック。
- 虫眼鏡になったカーソルで回路図をクリックすると，クリック位置を中心に拡大・縮小します。回路図をドラッグすると，その範囲がウィンドウ・サイズに拡大します。

回路図の縮小

- ツールバーの「Zoom back」ボタンをクリックすると回路図が1/2に縮小します。

4　素子値でなくシンボルを右クリックすると，素子値以外の詳細パラメータが入力できます。

▶ 回路図フィット

- ツールバーの「Zoom full extents」ボタンをクリック。
- 回路図全体がウインドウ・サイズに拡大または縮小します。

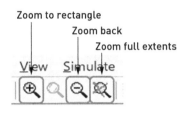

図2-7　拡大，縮小，画面サイズに合わせるボタン

▶ 削除

- ツールバーで「Cut」ボタンをクリック（図2-8）[5]。
- 削除モードになりカーソルが「はさみ形」になります。
- 削除したいシンボル，または配線をクリック。「はさみ形」のカーソルで回路図をドラッグするとドラッグした範囲の回路が削除されます。
- [ESC]キーで削除モードを終了，または右クリックで終了。

▷ コピー&ペースト

- ツールバーで「Copy」ボタンをクリックするとカーソルが「書類形」にかわります[6]。
- コピーしたいシンボル，または配線をクリック。画面の任意の位置でクリックするとペーストされます。また，「書類形」のカーソルで回路図をドラッグすると，ドラッグした範囲の回路がコピーされて任意の場所にペーストできます。
- [ESC]キーでコピーモードを終了，または右クリックで終了。

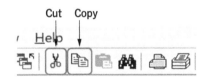

図2-8　Cutボタン，Copyボタン

■ 配線ラベルの設定

　回路図には表示されませんが，回路図エディタで自動的に生成されるネットリストには自動的にノード番号（節点番号）がつけられます。ノード番号では人間には配線との対応がわかりにくいので，注目する配線の場所に自分がわかりやすい「配線ラベル」をつけておくと，シミュレーション結果を表示するのに便利です。また同じラベル名をつけた配線

5　ショートカットキーは[DEL]です。
6　ショートカットキーは[CTRL]+[c]です。

同士は線で結んでいなくても接続したものとみなされるので，配線を省略して回路図を読みやすくする目的でも使えます。例えば電源線などは多くの素子に共通するものなので，同じラベル名をつけて配線の描画を省略すると回路図が見やすくなります。図2-2の回路では，後で電圧を調べる予定の配線点として，ダイオードD1の入力端（電源V1の出力端）に「IN」というラベルをつけ，ダイオードD1の出力端（負荷抵抗R1の入力端）に「OUT」というラベルをつけています。具体的な作業手順は以下の通りです。

- ● ツールバーの「Label Net」ボタンをクリック（図2-9）。
- ●「Net Name」フォームで配線ラベルを入力し，OKボタンをクリック。
- ● 回路図シート上でマウスカーソルがラベル名に小さい□のついた形になります。
- ● ラベルを与える配線の点をクリック。□が配線にのるようにしてください。

図2-9　Label Netボタン

回路図の保存

図2-2の回路図が完成したら，回路図を保存します。メニューバーから「File」→「Save As」を選び，あらかじめ作っておいたフォルダ（例：C:¥Users¥user1¥Desktop¥LTspiceSIM）に適当なファイル名（例：Ex2_0.asc）で保存します。

2.2……シミュレーションの実行とグラフ表示

次に，入力した回路図を使ってシミュレーションを実行し，その結果を表示する方法について説明します。

DCスイープ（直流特性解析）

電流-電圧特性をシミュレーションします。図2-2の回路で以下の手順でDCスイープの設定をしてください。今回はDC電源の電圧を0 V〜2 Vの間で変化させて，ダイオードD1に流れる電流を観測してみます。

DCスイープによるグラフ描画
- ● 回路図シートの空白部分を右クリック。
- ● ポップアップメニューから，「Edit Simulation Cmd.」を選びます。
- ●「Edit Simulation Command」フォームが開くので，「DC sweep」タブをクリックして図2-10のように掃引パラメータを入力します。
- ● OKボタンをクリックしてDC解析ディレクティブを回路図に貼りつけます。
- ●「Run」ボタン（図2-11）をクリックして解析を実行します。
- ● 配線や部品の上にマウス・カーソルを移動すると，カーソルがプローブの状態に変化します。

- 今回は，ダイオードD1の上で電流プローブ（図2-12）をクリックして掃引電圧V1に対する電流I(D1)のグラフを描きます（図2-13）。
- グラフのグリッドを表示するには，グラフ窓をクリックした後に，「Plot Settings」メニューから，「Grid」にチェックしてください。表示されたグラフの横軸，縦軸のスケール，刻み（tick）は，各々の目盛の上で右クリックして数値を入力すると変更できます。

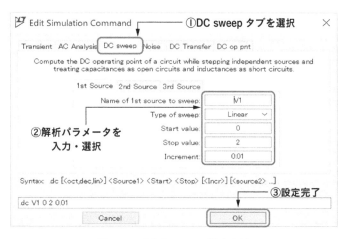

図2-10　DC Sweepの設定方法

図2-11　Runボタン（解析実行），Haltボタン（解析中断）

図2-12　プローブのアイコン（[ALT]キーで別のプローブに切り替わる）

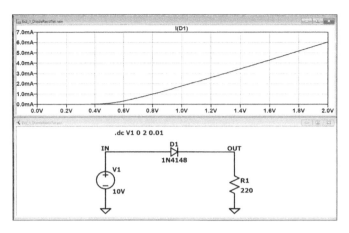

図2-13　DCスイープの出力画面（Ex2_1）

▶ グラフ・カーソルによる数値読み取り

● グラフ上部のI（D1）を左クリックするとグラフ上に十字カーソルが表示され，同時に測定値ウインドウが表示されます。

● カーソルは縦線・横線にマウスを合わせると移動できます。また[矢印]キーで細かく移動できます。図2-14はV1 = 1.2 Vで電流I(D1) = 2.596 mAを読み取った例です。

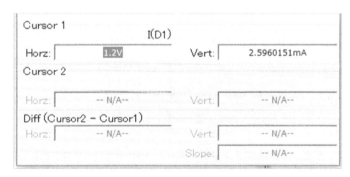

図2-14　十字カーソルによるグラフの値読み取り例

■ DC動作点解析

　DC動作点解析とは，回路各部の直流電圧や直流電流を表示する機能です。いわば，デジタルマルチメータ（DMM）で回路各部の電圧や電流を測定することに相当します。図2-2のダイオード回路について実行してみましょう。

● 回路図シートの空白部分を右クリック。

● ポップアップメニューから，「Edit Simulation Cmd.」を選びます。

● 「Edit Simulation Command」フォームが開くので，「DC op pnt」タブをクリック。

- OKボタンをクリックして「.op」ディレクティブを回路図に貼りつけます。
- 「Run」ボタン（図2-11）をクリックして解析を実行します。
- 回路各部のDC動作点（電圧，電流）が図2-15のようにダイアログボックスに表示されます。電圧表示にはすでに設定したラベルが使われていることがわかります。
- ダイアログボックスを，×マークで閉じます。
- 配線の所望箇所で右クリックして「Place .op Data Label」を選ぶと，該当部分の電圧が表示されます。表示された電圧ラベル上でさらに右クリックすると，図2-16のように各部の電圧，電流の表示オプションが選択できるようになるので，希望の項目に変更できます。ただし，変更前の項目が「$」で表示されているので，これを削除して新しい表示項目を1個選択する必要があります。
- OKボタンを押して新表示項目を選択終了すると動作点が表示されます（図2-17）。

```
     --- Operating Point ---

V(in):          10              voltage
V(out):         9.22269         voltage
I(D1):          0.0419213       device_current
I(R1):          0.0419213       device_current
I(V1):         -0.0419213       device_current
```

図2-15　DC動作点表示のダイアログボックス

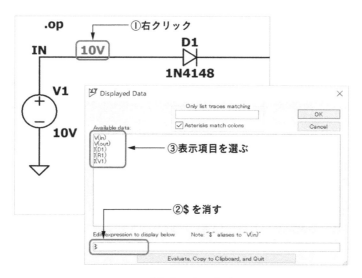

図2-16　DC動作点の表示変更設定画面

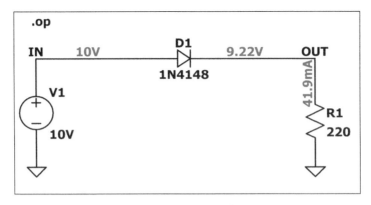

図2-17　DC動作点の表示例[7]（Ex2_2）

Transient解析（過渡応答解析：オシロスコープ表示に相当）

　Transient解析とは，回路各部の電圧波形や電流波形をグラフ表示する機能です。実験でいえば，オシロスコープを使って波形を測定することに相当します。以下の手順で，図2-2の電源V1を交流電源に変更してV(in)，V(out)の電圧波形を観測してみましょう。

- ●V1のシンボル上で右クリックし，V1のフォームで「Advanced」ボタンをクリック。
- ●図2-18のようにSINE電圧源を設定し，OKボタンで決定。
- ●回路図の空白部で右クリックし，ポップアップメニューから，「Edit Simulation Cmd.」を選びます。
- ●「Edit Simulation Command」フォームが開くので，「Transient」タブをクリック。
- ●Stop time欄に3 mを入力します。
- ●OKボタンをクリックして「.tran」ディレクティブを回路図に貼りつけます。この際，自動的に先の「.op」ディレクティブは「;op」となり無効化されます。
- ●「Run」ボタン（図2-11）をクリックし，配線の「IN」と「OUT」の付近をクリックして電圧プローブ[8]を選択すると図2-19のようにV(in)，V(out)の波形が表示されます。

　図2-19を見ると，V(in)は振幅10 V，周期1 ms（周波数1 kHz）の正弦波でV(out)は正弦波の正電圧の部分だけを切り取ったような波形（半波整流波形）となっていることがわかります。ただし，DCスイープの結果（図2-13）でわかるように，抵抗R1の出力電圧はV1≧0.6 Vの電圧範囲で直線的に増加します。そこで，0.6 V程度の電圧がダイオードD1で失われた結果，ピーク部分の電圧波形が小さくなっています。

....

7　デフォルトの表示桁数が8桁なので，図2-16の画面で整数化関数（round）を使って，例えば「round(V(out)*1e2)/1e2」とすると，べき指数に応じて表示する桁数を減らせて見やすくなる。

8　抵抗の両端電圧を測定したい場合など，どこかのノードを基準にして電圧測定したいときは，あらかじめ基準点で右クリックして「mark reference」を選択して黒い電圧プローブを配置し，その後測定したい配線上の点で赤い電圧プローブを出してクリックします。

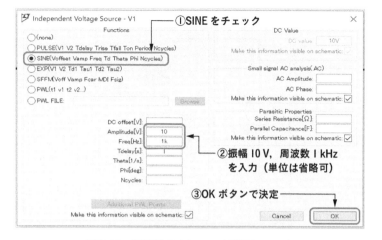

図2-18　電圧源のAdvanced設定フォーム

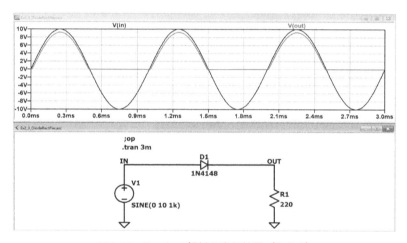

図2-19　Trasient解析の実行結果（Ex2_3）

AC解析

　AC解析とは，回路に微小な交流信号を加えた場合の出力信号の振幅と位相をシミュレーションする機能です。実験でいうと，回路に与える信号の周波数を変化させた場合の出力信号変化を観測することに相当します。入出力信号の観測はオシロスコープなどを使うのが一般的ですが，専用の測定器（周波数特性分析器，Frequency Response Analyzer（FRA））を使う場合もあります。ここでは，インダクタとキャパシタを並列接続したものに抵抗を直列接続した回路の周波数特性をシミュレーションします。次の手順で図2-20の回路を入力してください。

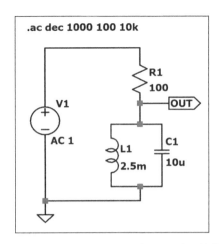

図2-20　抵抗にインダクタ，キャパシタの並列共振回路を接続した回路（Ex2_4）

部品，グラウンド，電源の配置

- ●「Resistor」，「Inductor」，「Capacitor」ボタンを押して各部品を配置します。
- ●「Ground」ボタンを押してグラウンドを配置します。
- ●「Component」ボタンを押して，「Select Component Symbol」フォームを開き，「voltage」を選んで「OK」ボタンをクリックして回路図シート上に配置します。
- ●必要に応じて部品の姿勢や位置を，「Move」ボタンを押した後に該当する部品をクリックすることで選択して修正してください。シンボルの向き変更には，「Rotate」ボタン，「Mirror」ボタンを使ってください[9]。

配線

- ●「Wire」ボタンをクリック後，配線を行い，[ESC]キーで配線モードを終了してください。

素子値と品番の設定

表2-2の部品リストに従い，素子値を入力してください。

信号源設定

- ● V1の上で右クリックし，V1のフォームで「Advanced」ボタンをクリック。
- ● AC Amplitude欄（図2-18の画面右上）に1を入力します[10]。

配線ラベルの設定

R1と並列接続したL1，C1の間の部分に，以下の手順でOUT端子を配置します。

- ●ツールバーの「Label Net」ボタンをクリック。
- ●「Net Name」フォームで配線ラベル名（OUT）を入力し，「Port Type」で「Output」を選択してOKボタンを押します。

9　ショートカットキーは，（[CTRL]+[r]：Rotate）および（[CTRL]+[e]：Mirror）です。
10　AC解析では入力信号の振幅を1Vとすると，回路の電圧利得（出力振幅電圧／入力振幅）を計算するのに便利です。

- 回路図シート上でマウスカーソルが「OUT」端子に小さい□のついた形になります。
- ラベルを与える配線の点をクリックします。□が配線にのるようにしてください。続いて右クリックしてラベル配置モードを解除します。図の場合，配線とは少し離れた位置に「OUT」端子を置いて，配線でつないでいます[11]。

表2-2　部品リスト

部品ラベル	部品名	素子値または品番
V1	voltage	AC amplitude = 1 V
R1	Resistor	100 Ω
L1	Inductor	2.5 mH
C1	Capacitor	10 uF

▶ AC解析設定

- 回路図シートの空白部分を右クリック。
- ポップアップメニューから，「Edit Simulation Cmd.」を選びます。
- 「Edit Simulation Command」フォームが開くので，「AC Analysis」タブをクリックします（図2-21）。

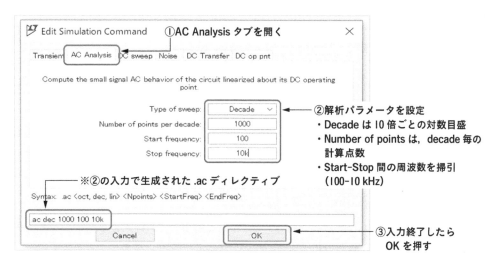

図2-21　AC Analysisの設定方法

11　ラベルの「Port Type」はデフォルトでは「None」となっていますが，「Input」，「Output」，「Bi-Direct」など必要に応じて使い分けます。ただし，「Port Type」は回路図上での表示が違うだけで，シミュレーションには関係がないので「None」のままでも問題ありません。

- 図2-21に従い，AC解析の条件を入力します．終了後にOKボタンをクリックして「.ac」ディレクティブを回路図に貼りつけます．
- 「Run」ボタンをクリックして解析を実行します．
- 回路出力のOUTラベルをクリックすると，図2-13の周波数特性グラフが表示されます．このとき位相特性も同時にプロットされますが，位相目盛（右軸）上で右クリックして，「Don't plot phase」をクリックして消去し，振幅だけを表示しています．

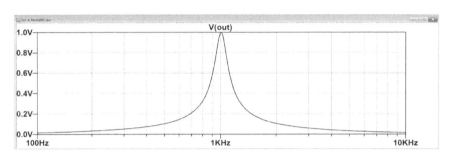

図2-22　AC Analysisによる並列共振特性の計算結果

周波数特性の解析による照合

図2-20に示した回路の振幅伝達特性は角周波数をωとして（2.1）式で表されます．

$$\left| \frac{v_{\mathrm{OUT}}}{v_1} \right| = \frac{1}{\sqrt{1 + R_1^2 \cdot \left(\dfrac{1}{\omega L_1} - \omega C_1 \right)^2}} \tag{2.1}$$

出力電圧が最大となる周波数f_{p}は，（2.1）式の分子が最小になる周波数（共振周波数）となるので，（　）内がゼロになる条件より（2.2）式が得られます．

$$\omega_{\mathrm{p}} = \frac{1}{\sqrt{L_1 C_1}} \ \Rightarrow \ f_{\mathrm{p}} = \frac{1}{2\pi \sqrt{L_1 C_1}} \tag{2.2}$$

（2.2）式に図2-1の素子値を代入して計算すると，

$$f_{\mathrm{p}} = \frac{1}{2\pi \times \sqrt{2.5 \times 10^{-3} \times 10^{-5}}} = \frac{10^4}{2\pi \times \sqrt{2.5}} \approx 1.0 \ \mathrm{kHz}$$

となります．また，f_{p}における振幅は，$v_1 = 1$ Vとすると（2.1）式よりR_1の値に無関係に$v_{\mathrm{OUT}} = 1$ Vとなり，これらの結果は図2-22のシミュレーション結果と一致します．

共振回路とQ値

　通信機器で使われる同調回路やフィルタ回路，発振回路等では共振現象を積極的に利用します。共振の鋭さを表す指標として，図C1中に示したように，ピーク周波数と，これから振幅が$1/\sqrt{2}$となる周波数間隔との比で計算されるQ値が使用されます。例えば発振回路において共振素子に水晶を使うと，LCを使った共振回路よりもQ値が格段に大きくできるので，正確で安定した発振回路が実現できることが知られています。

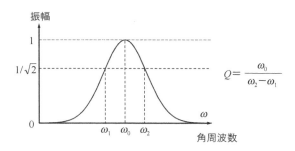

$$Q = \frac{\omega_0}{\omega_2 - \omega_1}$$

図C1　共振特性の鋭さを表すQ値の定義

　一方，電力系統や増幅器などでは共振現象を避けるようにする必要があります。また，建築・機械の分野では，共振現象は避けるべきものという認識があります。共振現象による悪い結果として歴史的に有名な事件の一つに，タコマ橋（米国）の崩壊があります。この橋は吊り橋で，当時としてはかなり頑丈に造られていたにもかかわらず，1940年にわずかな風に共鳴（共振）して，ついには崩壊しました。この事件の教訓は，どれだけ頑丈に造った建造物でも，共振周波数がそよ風の周波数と同じならば，簡単に破壊されてしまうということです。もちろん，現在では高度なコンピュータシミュレーションを駆使した設計を行い，そよ風から超大型台風の風にいたるまで共振しないような設計が行われています。タコマ橋の写真，崩落の瞬間の記録映像は，インターネットのブラウザから，"tacoma"，"narrows" および "bridge" のAND検索をすることで見ることができます。

memo

トランジスタ回路の設計

　この章では，電子回路の基本となるトランジスタ回路の設計法について説明します。最初にトランジスタの動作の基本となる構造と直流特性について説明します。続いてエミッタ接地回路，コレクタ接地回路などの基本的な増幅回路の動作を解説します。実際にLTspiceを使って回路の動作を確認できるように説明しますので，ぜひ自分でシミュレーションしてください。これ以降，本書では直流にはV_1，I_1などの大文字を使い，交流にはv_1，i_1などの小文字を使って両者を区別します。ただし，LTspiceの回路図では添え字が下付き表示でなく，V1，I1，R1，C1などと表記されていますので注意してください。

3.1 …… トランジスタの構造と基本特性

　トランジスタはp形とn形の半導体を3つ使用した半導体素子です。組み合わせによってpnp形とnpn形があります。トランジスタは小さな信号を入力すると大きな信号に増幅できるという特性があります。図3-1のように，トランジスタの3つの電極には，コレクタ（C），ベース（B），エミッタ（E）という名前がつけられています。ここではコレクタにn形，ベースにp形，エミッタにn形を使ったnpn形のトランジスタを例に動作を説明します。npn形では，コレクタにプラス電圧，エミッタにマイナス電圧をかけて使用します。

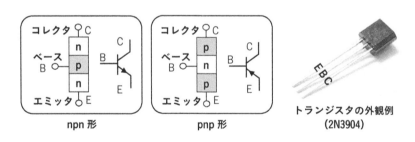

図3-1　トランジスタの構造・図記号と外観例

　ベースに電流が流れていない状態で，コレクタにプラス電圧，エミッタにマイナス電圧をかけても，ベースとコレクタ間がpn接合なので電流は流れません。この状態でベースにプラス電圧をかけると，ベースからエミッタに電流（ベースからエミッタに正孔，エミッタからベースに電子）が流れます。ベースは薄く作られているので，エミッタからベースに向かった電子の大部分は，ベースを通過してコレクタに流れます。コレクタに流れる電流は，ベースに流れる電流に比べて数10〜数100倍に増幅されます。トランジスタはエミッタ端子を入出力信号の基準として使用することが多いです。図3-2にエミッタを基準とした電圧のかけかた，および各端子の電流の向きを示します。V_{BE}はベース－エミッ

タ間にpn接合の順方向電圧をかけるための電源です。図において次の関係式が成り立ちます。

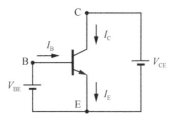

図3-2　npnトランジスタの図記号と電圧，電流

　まず，キルヒホッフの電流則より，

$$I_E = I_B + I_C \tag{3.1}$$

が成り立ちます。次に，トランジスタがベース電流I_Bを増幅する倍率をエミッタ接地直流電流増幅率β_0とすると，

$$I_C = \beta_0 I_B \tag{3.2}$$

となります。さらに，ベース－エミッタ間がpn接合ダイオードであることから，エミッタ電流I_Eは次式で与えられます。

$$I_E = I_S\left[\exp\left(\frac{q}{kT}V_{BE}\right) - 1\right] \approx I_s \exp\left(\frac{q}{kT}V_{BE}\right) \tag{3.3}$$

ただし，I_Sはダイオードに逆方向の電圧がかかったときの微小な電流（1 pA〜1 nA程度），qは電子の電荷，kはボルツマン定数，Tは絶対温度であり，q/kTの値は，常温（300k）で約38.7 V^{-1}となります。(3.3)式において両辺の自然対数をとると，

$$\ln I_E \sim \ln I_s + \frac{q}{kT}V_{BE} \tag{3.4}$$

ここで，対数の底の変換公式$\log_a b = \dfrac{\log_c b}{\log_c a}$において，$a = e$，$c = 10$（$e$は自然対数の底）

とすると，$\ln b = \dfrac{\log b}{\log e}$なので，(3.4)式は (3.5)式のように，常用対数を使った式に変換

できます。したがってエミッタ電流I_Eを片対数グラフ[1]でプロットすると，電圧V_{BE}に対して直線的に変化することがわかります。

$$\log I_E \approx \log I_s + \left(\frac{q}{kT}\log e\right) \cdot V_{BE} \tag{3.5}$$

以上のことをふまえてLTspiceでシミュレーションを行います。

1　グラフの一方の軸が対数スケールになっているグラフ。縦軸を対数スケールとすることが多い。極端に範囲の広いデータを扱える。

■ シミュレーション実習（トランジスタのDC特性）

- 新規回路図画面で「Component」ボタンを押して，「npn」を選んでから「OK」ボタンをクリックして，トランジスタの図記号を回路図シート上に配置します。
- トランジスタQ1のシンボルを右クリックして「Pick New Transistor」ボタンを押し，「2N3904」を選択し，OKボタンをクリックします（図3-3）。
- 同様にして，電源として電流源I1（current），電圧源V1（voltage）を配置してから，素子値を0A，9Vにします。
- グラウンドを配置して，全体を配線します。
- 見やすくするためにトランジスタの3つの端子にラベル「B」「C」「E」をつけます。

以上の作業で完成した回路図を図3-4に示します。

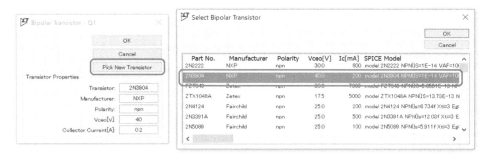

図3-3　トランジスタの品番選択（2N3904）

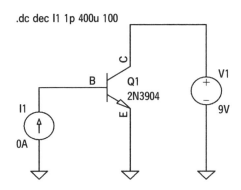

図3-4　トランジスタの基本特性シミュレーション回路（Ex3_1）

（a）$I_E - V_{BE}$特性

- 回路図シートの空白部分を右クリックします。
- ポップアップ・メニューから，「Edit Simulation Cmd.」を選び，「Edit Simulation Command」フォームから「DC sweep」タブをクリックし，図3-5のように掃引パラメータを入力します。
- OKボタンをクリックしてDCスイープディレクティブを回路図に貼りつけます。

- 「Run」ボタンをクリックして解析を実行します。
- ベースB付近にマウスカーソルを近づけてカーソル形状が電圧プローブに変化したらクリックすると，図3-6のグラフが表示されます。

図3-5　DCスイープのパラメータ設定

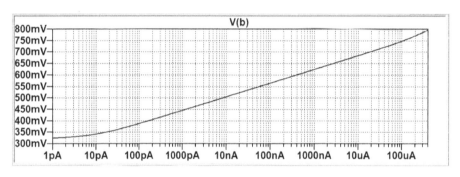

図3-6　ベース電圧V(b) とベース電流I(b) の関係

　続いて図3-6のグラフを，エミッタ電流I_Eとベース電圧V_{BE}の関係を表すグラフに変更します。次の手順で操作してください。
- グラフの横軸にマウスカーソルを移動して，定規カーソルが出たら右クリック。
- 「Horizontal Axis」フォームが表示されたら，「Quantity Plotted」欄をV(b) に変更。
- OKボタンをクリックして終了する。
- 続いてグラフ上部のV(b) を右クリックし，「Expression Editor」フォームが表示されたら，「Enter an algebraic expression to plot」の入力欄を -Ie(Q1) に変更します[2]。
- OKボタンをクリックして終了すると -Ie(Q1) vs V(b) のグラフが表示されます。
- グラフの横軸，および縦軸目盛り上で右クリックし，「Horizontal Axis」，「Vertical

2　三端子以上からなる部品の場合，「端子に電流が流れ込むとき電流の符号が正」と定義されているので，図3-2のI_Eを求めるために -Ie(Q1) としています。

032

Axis」フォームの入力欄で表示範囲と目盛り刻み（tick）を調整してOKを押すと，図3-7のようになります。なお，横軸の設定では「Logarithmic」のチェックを外して線形目盛としています。

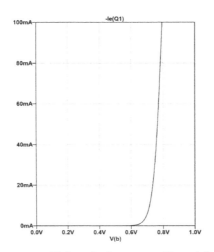

図3-7　エミッタ電流−Ie(Q1)とベース電圧V(b)の関係

　図3-7から，エミッタ電流-Ie(Q1)はベース電圧V(b)が0.7Vを超えると急激に立ち上がることがわかります。次に縦軸目盛りを右クリックして，「Vertical Axis」フォームを表示させ，「Logarithmic」欄にチェックしてOKボタンを押します。続いて横軸，縦軸の表示範囲と目盛り刻み（tick）を適宜修正すると，図3-8のグラフが表示されます。(3.5)式で説明したように，ベース電圧の変化に対して，片対数表示したエミッタ電流が直線的に変化しています。

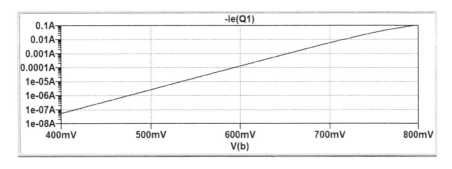

図3-8　エミッタ電流−Ie(Q1)とベース電圧V(b)の関係（縦軸を対数目盛にした）

(3.5)式より直線の傾きは，常温で$q/kT \approx 38.7\,\mathrm{V}^{-1}$なので，

$$\left(\frac{q}{kT}\log e\right) \approx 38.7 \times 0.434 \approx 16.8\,\mathrm{V}^{-1} \tag{3.6}$$

と予想されます。これを図3-8から次の手順で読み取ります。

- グラフ上部の-Ie(Q1)を右クリックして「Expression Editor」フォームを表示させます。
- 「Attached Cursor」欄で1st&2ndを選んで十字カーソルを2個表示させると，カーソル交点の値を示す測定値ウインドウが表示されます（図3-9）。
- 表示されたカーソルの縦線にマウスを合わせ，[←]，[→]キーを併用して2個の十字カーソルをV(b) = 500 mV，600 mVに移動させると，測定値ウインドウが図3-9のようになります。

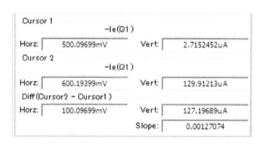

図3-9　2個の十字カーソルによるグラフの値読み取り例

　測定値ウインドウには十字カーソル交点の読み取り値と同時に，2個のカーソル間の水平・垂直（Horz, Vert）方向の差，およびslope（＝垂直差/水平差）が表示されています。ここでカーソル1，2の交点座標を，(V_{BE1}, I_{E1})，(V_{BE2}, I_{E2})とすると，シミュレーション結果（図3-9）の数値を用いたグラフの傾きは，

$$\frac{\log I_{E2} - \log I_{E1}}{V_{BE2} - V_{BE1}} = \frac{\log(I_{E2}/I_{E1})}{V_{BE2} - V_{BE1}} = \frac{\log(129.9/2.715)}{100.1 \text{ mV}} = 16.8 \text{ V}^{-1} \tag{3.7}$$

となり，(3.6)式の理論値と一致することがわかります。

(b) $I_C - I_B$特性

　次の手順により，図3-4と同じ回路で，I_Bを0～50 μAの間でリニアに変化させてI_Cの変化をシミュレーションします。

- 回路図シートの空白部分を右クリック。
- ポップアップ・メニューから，「Edit Simulation Cmd.」を選び，「Edit Simulation Command.」フォームから「DC sweep」タブをクリックし，図3-10のように掃引パラメータを入力します。
- OKボタンをクリックしてDC解析ディレクティブを回路図に貼りつけます。
- 「Run」ボタンをクリックして解析を実行します。
- コレクタC付近にマウスカーソルを近づけてカーソル形状が電流プローブに変化したらクリックすると，図3-11のグラフが表示されます。

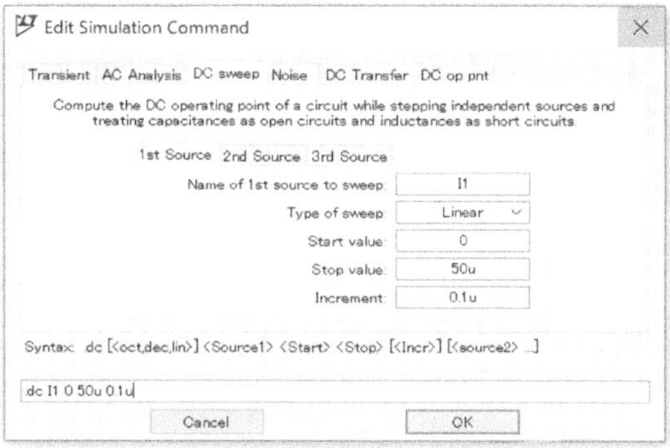

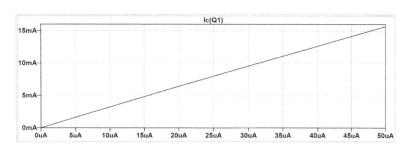

図3-10　DCスイープのパラメータ設定

図3-11　コレクタ電流Ic(Q1) とベース電流Ib(Q1) の関係（EX3_2）

　図3-11のように，コレクタ電流I_Cはベース電流I_Bに比例して変化します。グラフ上部のIc(Q1) をクリックして十字カーソルを表示させてデータを読み取ると，$I_B = 25.0\,\mu\text{A}$のとき，$I_C = 7.98\,\text{mA}$と読み取れるので，エミッタ接地直流電流増幅率β_0は（3.2）式の定義により，$\beta_0 = I_C/I_B \approx 319$と求まります。次に十字カーソルを2個表示させて交流の場合の電流増幅率を求めます。また，このグラフよりベース電流が交流で$20\,\mu\text{A} \sim 30\,\mu\text{A}$の間で$10\,\mu\text{A}$変化したとすると，コレクタ電流は図3-12のように$6.403\,\text{mA} \sim 9.536\,\text{mA}$と

$3.13\,\text{mA}$変化するので，エミッタ接地交流電流増幅率βは，$\dfrac{\Delta I_C}{\Delta I_B} = \dfrac{3.13\,\text{mA}}{10.0\,\mu\text{A}} \approx 313$となります。

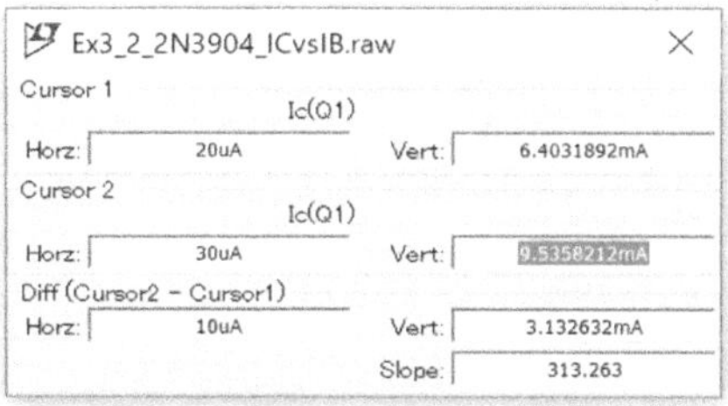

図3-12　コレクタ電流Ic(Q1) とベース電流Ib(Q1) の関係（十字カーソルによる読み取り）

(c) $I_C - V_{CE}$ 特性

次に，I_Bをパラメータとして変化させた場合の$I_C - V_{CE}$特性をシミュレーションします。図3-13に実行用のディレクティブを含む回路図を示します。以下の手順でシミュレーション設定してください。

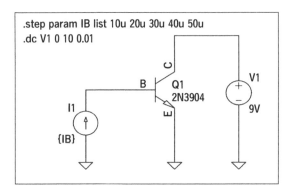

図3-13　$I_C - V_{CE}$特性測定用回路図（Ex3_3）

▶パラメータ・スイープの設定（.stepディレクティブ）

- パラメータの定義：変数を設定するには，部品の値を右クリックして{変数名}とします。図3-13ではベース電流を変数化するので，電流源の値を{IB}に変更しました。
- 変数の値設定：次に，「.stepディレクティブ」により変数「IB」に値を代入します。ツールバー右端の「SPICE Directive」ボタンをクリックし（図3-14），「Edit Text on the Schematic」フォームを開いて，入力欄で右クリックして「Help me Edit」⇒「.step Command」と進むと「.step Statement Editor」フォーム（図3-15）が開きます。パラメータとして下記のSPICEディレクティブを書き込んでOKボタンを押します[3]。なおここでは，変数値が4個以上なので，「40u 50u」は図3-15下部の入力欄に直接書き込んでいます。

.step param IB list 10u 20u 30u 40u 50u

　━━ **SPICE Directive**

図3-14　「SPICE Directive」ボタン

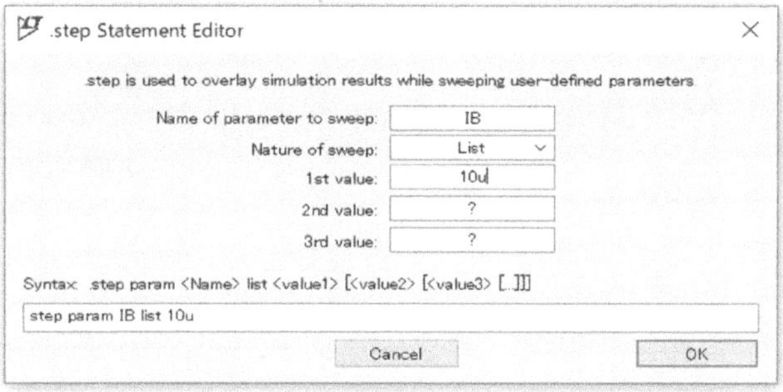

図3-15 「.step Statement Editor」によるパラメータ入力法

▶ DCスイープの設定（.dcディレクティブ）

● 回路図シートの空白部分を右クリックして，「Edit Simulation Cmd.」を選び，「Edit Simulation Command」フォームより「DC sweep」タブをクリックして次の掃引パラメータを入力してください。掃引方式は「Linear」を選定します。慣れてきたら，ツールバー右端の「SPICE Directive」ボタンをクリックして[4]，「Edit Text on the schematic」フォームを開いて直接入力してもかまいません。

.dc V1 0 10 0.01

● 「.step」ディレクティブと「.dc」ディレクティブを設定し終わったら，「Run」ボタンを押してシミュレーションを実行し，回路図上でカーソルをコレクタ付近に合わせて，電流プローブに変わったらクリックします。

　以上の操作で得られたグラフを図3-16に示します[5]。I_CはV_{CE}が0〜0.3 V程度の領域では急激に増加し，それを過ぎると変化が小さくなることがわかります。V_{CE}が0.3 Vを超える領域では，I_Bが一定ならI_Cがほとんど変化せず一定なので，I_Bを変化させることでI_Cを制御できます。トランジスタの増幅回路はこの領域を使用して設計します。つまり，トランジスタはベース電流でコレクタ電流を制御する素子といえます。

4　ショートカットキーは[s]です。
5　色分けして描画されたトレースのパラメータ値を知る方法：グラフペイン上で右クリック⇒View⇒「Step Legend」を選択すると，パラメータ変数のリストが表示されます。

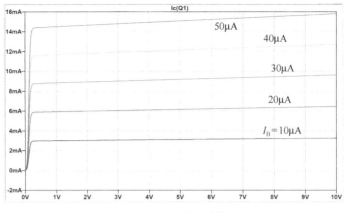

図3-16 I_C–V_{CE}特性の計算結果

3.2⋯⋯ エミッタ接地回路

　ここではトランジスタの増幅回路として最もよく使われるエミッタ接地交流増幅回路について説明します。回路の説明に入る前に，トランジスタの微小信号等価回路について説明します。

　図3-17が微小信号等価回路です。ここで「微小信号」とは，小さな振幅の交流信号のことです。図において，B，C，Eは各々ベース，コレクタ，エミッタ端子であり，B'点はベース層の内部点を表しています。電流源βi_bは，3.1節で説明したように，ベース電流i_bを電流増幅率β倍した電流をコレクタに流す効果を示しています。r_bはベース層の抵抗成分です。また，r_eはベース－エミッタ間のpn接合ダイオードを抵抗に置き換えたものです。直流に対しては，このpn接合はダイオードと考えればよいのですが，ベースの入力信号が微小変化する場合には，V_{BE}の変化に対してエミッタ電流I_Eの変化が比例して変化するものと考えられます。

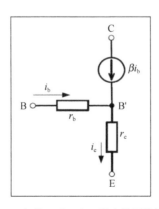

図3-17　トランジスタの微小信号等価回路

先に示した（3.3）式

$$I_E \approx I_s \exp\left(\frac{q}{kT}V_{BE}\right) \tag{3.3}$$

をV_{BE}で微分すると，

$$\frac{1}{r_e} = \frac{dI_E}{dV_{BE}} \approx \frac{q}{kT}I_s\exp\left(\frac{q}{kT}V_{BE}\right) = \frac{q}{kT}I_E \tag{3.8}$$

となります。（3.8）式のr_eは抵抗の単位をもっており，ベース－エミッタ間のダイオードを微小交流信号に対しては抵抗r_eとみなしたものです（図3-17）。その抵抗値は，

$$r_e = \frac{kT}{q}\frac{1}{I_{EQ}} \tag{3.9}$$

となります。ただし。I_{EQ}はエミッタ電流における交流信号の中心点を示しており，バイアス電流と呼ばれます。常温（$T = 300K$）においては，$\frac{kT}{q} \approx 0.026\,\text{V}$なので，

$$r_e \approx \frac{0.026[\text{V}]}{I_{EQ}[\text{A}]} \tag{3.10}$$

となります。

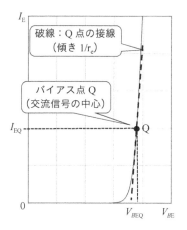

図3-18　ベース－エミッタ間ダイオードの微小信号に対する近似

　例えば，$I_{EQ} = 1\,\text{mA}$では$r_e \approx 26\,\Omega$となり，$I_{EQ} = 10\,\text{mA}$では$r_e \approx 2.6\,\Omega$となります。バイアス電流I_{EQ}の増加に反比例してr_eが小さくなるのは，図3-18において$I_E - V_{BE}$特性の曲線の傾きがI_Eの増加とともに大きくなるためです。

エミッタ接地回路の基本構成とバイアス点の設定
　トランジスタはベース電流の変化をコレクタ電流の変化に増幅するのが基本的な動作ですが，増幅回路では電圧を出力する場合が多いです。図3-19はベース側の直流電圧源V_{BE}と，コレクタ側の直流電圧源V_{CC}を使用し，V_{CC}とコレクタの間に抵抗R_Lを接続して電流の変化を電圧の変化に変換する回路で，2電源バイアス回路と呼ばれます。エミッタは入

出力の共通端子となっています。この回路において，コレクタの電圧は，電源電圧から R_L の電圧降下を引けばよいので，

$$V_\mathrm{CE} + v_\mathrm{out} = V_\mathrm{CC} - R_\mathrm{L}\left(I_\mathrm{C} + i_\mathrm{c}\right) \tag{3.11}$$

となります。ここで，信号成分をゼロにすると，

$$V_\mathrm{CEQ} = V_\mathrm{CC} - R_\mathrm{L}I_\mathrm{CQ} \tag{3.12}$$

がコレクタの直流電圧となります。(3.12)式で添え字Qはバイアス点の電圧，電流を表しています。したがってコレクタから出力される電圧波形が，(3.12)式の V_CEQ を中心にした交流信号成分 $v_\mathrm{out} = -R_\mathrm{L}i_\mathrm{c}$ ということになります。ここで，コレクタ電圧の変化可能な範囲は最大値が電源電圧 V_CC で，最低電圧が $0\,\mathrm{V}$ です。これを超えるような条件の入力信号が入ると，波形の上部または下部がつぶれた波形となってしまいます。したがって，変化の中心である V_CEQ は，$V_\mathrm{CC}/2$ に選ぶのがよいのです。

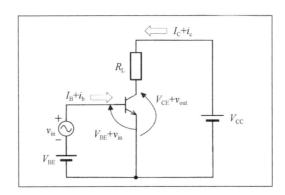

図3-19　エミッタ接地増幅回路の基本構成（2電源バイアス回路）

次に，3-1節で説明した $I_\mathrm{C} - V_\mathrm{CE}$ 特性のグラフ（図3-16）を使って，バイアス点 V_CEQ，および I_CQ を決める方法を説明します。(3.11)式より信号成分を除くと，

$$V_\mathrm{CE} = V_\mathrm{CC} - R_\mathrm{L}I_\mathrm{C} \tag{3.13}$$

これより I_C を求めると，

$$I_\mathrm{C} = \frac{1}{R_\mathrm{L}}(V_\mathrm{CC} - V_\mathrm{CE}) \tag{3.14}$$

が得られます。ここで，$V_\mathrm{CE} = 0\,\mathrm{V}$ とすると，コレクタ電流の最大値として

$$I_\mathrm{CM} = \frac{V_\mathrm{CC}}{R_\mathrm{L}} \tag{3.15}$$

が得られます。

図3-20は3.1節と同じくトランジスタとして「2N3904」を使って，ベース電流を $10\,\mu\mathrm{A}$ ～ $50\,\mu\mathrm{A}$ の間で $5\,\mu\mathrm{A}$ おきにプロットした $I_\mathrm{C} - V_\mathrm{CE}$ 特性です。今，電源電圧を $V_\mathrm{CC} = 9\,\mathrm{V}$ とし，コレクタ電流の最大値を $16\,\mathrm{mA}$ とした直線A-Bを描きました。この直線は (3.14)式に従う，傾き $-1/R_\mathrm{L}$ の直線で，「負荷線」と呼ばれます。具体的な抵抗値は，(3.15)式を用いて，$R_\mathrm{L} = V_\mathrm{CC}/I_\mathrm{CM} = 9V/16\,\mathrm{mA} \approx 560\,\Omega$ となります。この負荷線上で，$V_\mathrm{CEQ} = V_\mathrm{CC}/2 =$

9 V/2 = 4.5 V の点をバイアス点Qとしました。負荷線の右上に示したように，バイアス点Qを中心として $\pm 5\,\mu\mathrm{A}(10\,\mu\mathrm{A_{PP}})$ で変化する交流信号 i_b がベースに入力されると，縦軸の左側のように，バイアス点Qを中心として $\pm 1.6\,\mathrm{mA}$（$3.2\,\mathrm{mA_{PP}}$）のコレクタ電流 i_c に増幅されます。さらに抵抗 R_L の効果で，横軸の下に示したように，$\pm 0.9\,\mathrm{V}$（$1.8\,\mathrm{V_{PP}}$）で変化する交流電圧が出力されます。

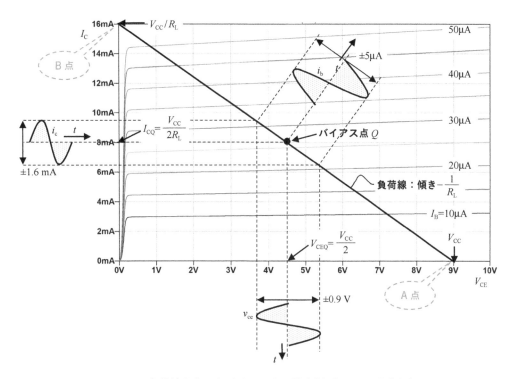

図3-20　負荷線を使ったバイアス点の設定例（2N3904を使用）

電流帰還バイアス回路

先に図3-19で説明した回路では直流電圧源を2個用いてバイアスを設定していました。図3-21は，バイアス点Qを設定する方式のうち「電流帰還バイアス回路」と呼ばれている回路です。この回路では，直流電圧源 V_CC を1個だけ使用しています。ベース電位 V_BQ は抵抗 R_1 と R_2 によって，V_CC を分圧することで設定します。図において，添え字Qのついている電圧，電流がバイアス計算で求める量です。計算を簡単にするためにベース電流 I_BQ は他の電流に比べて十分小さいと考えて，

$$I_\mathrm{BQ} = 0 \tag{3.16}$$

とすると，抵抗 R_1 を流れる電流は，すべて R_2 に流れるので，

$$V_\mathrm{BQ} = \frac{R_2}{R_1 + R_2} V_\mathrm{CC} \tag{3.17}$$

により，ベースのバイアス電圧が求まります。ベース電流をゼロと考えたので，図3-17に示したベース層の抵抗r_bによる電圧降下もゼロであり，エミッタ電圧V_{EQ}は，V_{BQ}から，ベース－エミッタ間ダイオードの順方向電圧V_{BE}だけ低いので，

$$V_{EQ} = V_{BQ} - V_{BE} \qquad (3.18)$$

となります[6]。このV_{EQ}は，エミッタ抵抗R_E両端の電圧なので，エミッタ電流I_{EQ}は，

$$I_{EQ} = \frac{V_{EQ}}{R_E} \qquad (3.19)$$

と求められます。さらに，コレクタ電流I_{CQ}は，$I_{BQ} = 0$としたので，

$$I_{CQ} \approx I_{EQ} \qquad (3.20)$$

です。コレクタ電圧V_{CQ}は，電源電圧V_{CC}より，抵抗R_Lの電圧降下分だけ低くなり，

$$V_{CQ} = V_{CC} - R_L I_{CQ} \qquad (3.21)$$

となり，すべてのバイアス量が求まりました。計算を簡単にするために無視していたベース電流I_{BQ}は，次のように，I_{CQ}を直流電流増幅率β_0で割って求められます。

$$I_{BQ} = \frac{I_{CQ}}{\beta_0} \qquad (3.22)$$

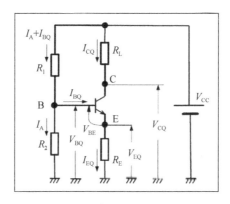

図3-21　電流帰還バイアス回路

図3-22を参照して，電流帰還バイアス回路の特徴を説明します。トランジスタの直流電流増幅率β_0は温度上昇に伴って増加する性質があります。β_0が増加すると，コレクタ電流I_{CQ}も増加して，同時にエミッタ電流I_{EQ}も増加します。この結果，R_Eによる電圧降下が増加してV_{EQ}が上昇します。式(3.18) より，

$$V_{BE} = V_{BQ} - V_{EQ} \qquad (3.23)$$

なので，V_{EQ}が上昇するとV_{BE}が減少することでI_{BQ}が減少し，結果としてI_{CQ}の増加を抑制できます。以上のような理由で，電流帰還バイアス回路は温度が変化した場合のバイアス安定度が高いのが利点でよく使用されます。ただし，バイアス点V_{BQ}を決める抵抗R_1，

6　実際のバイアス計算では，V_{BE}は図3-7より約0.7 Vとみなして計算すればよいです。

R_2 を比較的小さく設定する関係で，これらの抵抗に流れる電流（ブリーダ電流）により消費電流が大きくなる欠点があります。

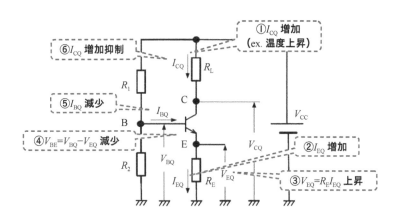

図3-22　電流帰還バイアス回路のコレクタ電流安定化原理

次に，電流帰還バイアスを用いたエミッタ接地交流増幅回路を図3-23に示します。エミッタ自身は直接接地されていませんが，増幅すべき交流信号に対して C_E が短絡とみなせることで，エミッタが信号に対して接地されるので「エミッタ接地」と呼んでいます。C_E をバイパスキャパシタと呼びます。また，入出力端子に挿入してある C_1，C_2 は直流信号を遮断して交流信号だけを通過させるもので，結合キャパシタと呼ばれます。

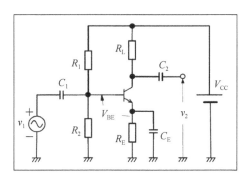

図3-23　エミッタ接地交流増幅回路

次に，図3-23の回路の電圧増幅度を計算する式を導出します。図3-24は，図3-17に示した微小信号等価回路を利用して描いた交流等価回路です。交流等価回路では，すべてのキャパシタを短絡しているのと，交流信号成分を発生しない直流電源 V_{CC} は短絡して，コレクタに接続した抵抗 R_L（負荷抵抗と呼びます）を接地しています。また，同じく抵抗 R_1 は接地して R_2 と並列接続された抵抗 $R_1//R_2$ として表示しています。

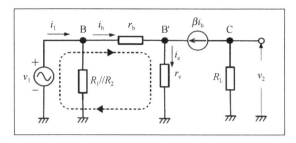

図3-24　エミッタ接地回路の交流等価回路

▶ 入力インピーダンス

　まず入力インピーダンスを求めます。図3-24の入力には$R_1//R_2$が接続され，さらにトランジスタのベース端子Bより見た入力インピーダンスZ_iが接続されていると考えられます。つまり，入力にはインピーダンス$R_1//R_2//Z_i$が接続されているものと考えられます。ここで，$Z_i = v_1/i_b$で与えられます。図3-24の点線のループに沿ってキルヒホッフの電圧則を適用すると，

$$v_1 = r_b i_b + r_e i_e \tag{3.24}$$

B'点にキルヒホッフの電流則を適用すると，

$$i_e = (1 + \beta) i_b \tag{3.25}$$

これらの式からi_eを消去してv_1，i_bの関係を求めると，

$$v_1 = r_b i_b + r_e (1 + \beta) i_b \tag{3.26}$$

よって，ベースから見た入力インピーダンスZ_iは，

$$Z_i = \frac{v_1}{i_b} = r_b + (1 + \beta) r_e \tag{3.27}$$

となります。このZ_iを用いると，エミッタ接地回路の入力端子から見たインピーダンスZ_{in}は，

$$Z_{in} = R_1//R_2//Z_i \tag{3.28}$$

となります。

▶ 電圧増幅度

　図3-24の負荷抵抗R_Lには下から上に向かう電流βi_bが流れています。したがって，出力電圧v_2は矢印の向きとは逆の極性をもつので，負号をつけて，

$$v_2 = -R_L \beta i_b \tag{3.29}$$

となります。(3.27)式より，

$$i_b = \frac{v_1}{Z_i} = \frac{v_1}{r_b + (1 + \beta) r_e} \tag{3.30}$$

となります。この式を (3.29)式に代入してv_1/v_2を求めると，

$$A_v = \frac{v_2}{v_1} = \frac{-\beta R_L}{r_b + (1 + \beta) r_e} = \frac{-\beta R_L}{Z_i} \tag{3.31}$$

により電圧増幅度が計算できます。

▶ C_1 による遮断周波数 f_{C1}

図3-25にベース端子Bへの入力部に結合キャパシタC_1を入れた等価回路を示します。ベースへの交流入力電圧v'_1と元の入力信号電圧v_1の比は，

$$\frac{v'_1}{v_1} = \frac{R_1 /\!/ R_2 /\!/ Z_i}{\dfrac{1}{j\omega C_1} + R_1 /\!/ R_2 /\!/ Z_i} = \frac{1}{1 + \dfrac{1}{j\omega C_1 (R_1 /\!/ R_2 /\!/ Z_i)}} \tag{3.32}$$

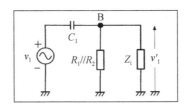

図3-25　結合キャパシタC_1を考慮した入力部の等価回路
（低域遮断周波数f_{C1}の計算）

となります。キャパシタC_1を入れた場合の電圧増幅度$A'_v = v_2/v_1$は，v'_1/v_1を（3.32）式で，v_2/v'_1を（3.31）式のA_vで与えることで，

$$A'_v = \frac{v_2}{v_1} = \frac{v'_1}{v_1} \frac{v_2}{v'_1} = A_v \frac{v'_1}{v_1} = \frac{-\beta R_L}{Z_i} \cdot \frac{1}{1 + \dfrac{1}{j\omega C_1 (R_1 /\!/ R_2 /\!/ Z_i)}} \tag{3.33}$$

となります。

A'_vの絶対値，すなわち振幅伝達関数は次式のようになります。

$$|A'_v| = \frac{\beta R_L}{Z_i} \frac{1}{\sqrt{1 + \left(\dfrac{1}{\omega C_1 (R_1 /\!/ R_2 /\!/ Z_i)}\right)^2}} \tag{3.34}$$

ここで，$\beta R_L/Z_i$の項は，すべてのキャパシタを短絡して考えた，（3.31）式の増幅度に対応しています。この増幅度から$1/\sqrt{2}$に低下する周波数（低域遮断周波数f_{C1}）は，

$$\omega C_1 (R_1/\!/R_2/\!/Z_i) = 1 \Rightarrow$$
$$2\pi f_{C1} C_1 (R_1/\!/R_2/\!/Z_i) = 1 \tag{3.35}$$

より，

$$f_{C1} = \frac{1}{2\pi C_1 (R_1/\!/R_2/\!/Z_i)} \tag{3.36}$$

となります。また，結合キャパシタのC_1の容量は次式で与えられます。

$$C_1 = \frac{1}{2\pi f_{C1} (R_1/\!/R_2/\!/Z_i)} \tag{3.37}$$

ただし，（3.36）式（3.37）式において，Z_iは（3.27）式で示したベースから見た入力イン

ピーダンスです。

図 3-26 に出力側の結合キャパシタ C_2 を入れた等価回路を示します。

交流入力信号 v_1 により，入力端から信号電流 i_1 が流れ，トランジスタのベース端に電流 i_b が流れ込みます。ここでは，出力側のキャパシタ C_2 には，次段の入力インピーダンス R_i を接続してあります。図の点線のループに沿ってキルヒホッフの電圧則を適用すると，

$$v_1 = r_b i_b + (1 + \beta) r_e i_b \tag{3.38}$$

となります。

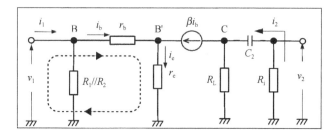

図 3-26　結合キャパシタ C_2 を考慮した等価回路（低域遮断周波数 f_{C2} の計算）

次に出力側に流れる電流 i_2 を電流源 βi_b から求めます。出力側の回路は R_L と，直列の $C_2 - R_i$ が並列接続された形ですから，

$$i_2 = \beta i_b \cdot \frac{R_L}{R_L + \left(\dfrac{1}{j\omega C_2} + R_i \right)} \tag{3.39}$$

で求まります。また出力電圧 v_2 は次式のようになります。

$$v_2 = - i_2 R_i \tag{3.40}$$

よって電圧増幅度 A_v は，(3.38)式〜(3.40)式を用いて，

$$A_v = \frac{v_2}{v_1} = \frac{-i_2 R_i}{r_b i_b + (1+\beta) r_e i_b} = \frac{\dfrac{-\beta R_L R_i}{R_L + \left(\dfrac{1}{j\omega C_2} + R_i \right)}}{r_b + (1+\beta) r_e}$$

$$= \frac{-\beta}{r_b + (1+\beta) r_e} \cdot \frac{R_L R_i}{R_L + \left(\dfrac{1}{j\omega C_2} + R_i \right)} = \frac{-\beta}{r_b + (1+\beta) r_e} \cdot \frac{\dfrac{R_L R_i}{R_L + R_i}}{1 + \dfrac{1}{j\omega C_2 (R_L + R_i)}}$$

$$= \frac{-\beta R'_L}{r_b + (1+\beta) r_e} \cdot \frac{1}{1 + \dfrac{1}{j\omega C_2 (R_L + R_i)}} = \frac{-\beta R'_L}{Z_i} \cdot \frac{1}{1 + \dfrac{1}{j\omega C_2 (R_L + R_i)}} \tag{3.41}$$

と求まります。ここで，R'_L は負荷抵抗 R_L と次段の入力インピーダンス R_i の並列インピー

ダンスとして，次式のように定義しました。

$$R'_\mathrm{L} \equiv R_\mathrm{L}//R_\mathrm{i} = \frac{R_\mathrm{L}R_\mathrm{i}}{R_\mathrm{L} + R_\mathrm{i}} \tag{3.42}$$

また，(3.41)式の最終式のZ_iは，(3.27)式で示した，ベースから見た入力インピーダンスです。

(3.41)式を (3.31)式と見比べると，$\dfrac{-\beta R'_\mathrm{L}}{Z_\mathrm{i}}$の項はキャパシタ$C_2$を短絡して考えられる周波数（中域）での増幅度に相当します。つまり負荷抵抗R_Lと次段の入力インピーダンスR_iが並列接続された形で増幅度が決まるのです。A_vの絶対値，すなわち振幅伝達関数は次式のようになります。

$$|A_\mathrm{v}| = \frac{\beta R'_\mathrm{L}}{Z_\mathrm{i}} \cdot \frac{1}{\sqrt{1 + \left(\dfrac{1}{\omega C_2 (R_\mathrm{L} + R_\mathrm{i})}\right)^2}} \tag{3.43}$$

(3.43)式より，C_2を短絡して考えた場合の値$\dfrac{\beta R'_\mathrm{L}}{Z_\mathrm{i}}$に対して増幅度が$1/\sqrt{2}$となる周波数（低域遮断周波数$f_{C2}$）は，

$$\omega C_2 (R_\mathrm{L} + R_\mathrm{i}) = 1 \ \Rightarrow \ 2\pi f_{C2} C_2 (R_\mathrm{L} + R_\mathrm{i}) = 1 \ \text{より}$$

$$f_{C2} = \frac{1}{2\pi C_2 (R_\mathrm{L} + R_\mathrm{i})} \tag{3.44}$$

となります。

▶ C_Eによる遮断周波数 $f_{C\mathrm{E}}$

図3-27にエミッタに接続した抵抗R_Eに並列にバイパスキャパシタC_Eを入れた等価回路を示します。

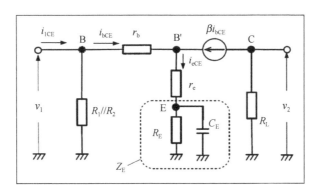

図3-27　バイパスキャパシタC_Eを考慮した等価回路

計算の見通しをよくするために，図3-27中に点線枠で示したC_E，R_Eの並列インピーダン

ス Z_E を使います。Z_E は次式のようになります。

$$Z_E = \frac{R_E \cdot \dfrac{1}{j\omega C_E}}{R_E + \dfrac{1}{j\omega C_E}} = \frac{R_E}{1 + j\omega C_E R_E} \tag{3.45}$$

まず，C_E が短絡とみなせる場合 $Z_E = 0$ となるので，$v_1 \to r_b \to r_e$ のループにキルヒホッフの電圧則を適用した式，$v_1 = r_b i_{bCE} + r_e(1+\beta) i_{bCE}$ を用いて，

$$Z_i = \frac{v_1}{i_{bCE}} = r_b + (1+\beta) r_e \tag{3.46}$$

となります。これは（3.27）式で示したのと同じベース端子Bから見たトランジスタの入力インピーダンスです。ここで，抵抗 r_b は 50 〜 500 Ω 程度，電流増幅率 β は 100 〜 500 程度，ダイオードの交流等価抵抗 r_e は数 10 Ω 程度であることを考慮して，$(1+\beta) r_e \gg r_b$，および $\beta \gg 1$ として，（3.46）式を近似すると，

$$Z_i \approx (1+\beta) r_e \approx \beta r_e \tag{3.47}$$

となります。

次に電圧増幅度 $A_v = v_2/v_1$ を求めます。まず，$v_1 \to r_b \to r_e \to Z_E$ のループにキルヒホッフの電圧則を適用し，かつ（3.46）式を利用すると，

$$\begin{aligned}
v_1 &= r_b i_{bCE} + (r_e + Z_E)(1+\beta) i_{bCE} \\
&= [r_b + (1+\beta)(r_e + Z_E)] i_{bCE} = [r_b + (1+\beta) r_e + (1+\beta) Z_E] i_{bCE} \\
&= [Z_i + (1+\beta) Z_E] i_{bCE}
\end{aligned} \tag{3.48}$$

となります。また出力電圧 v_2 は，電流 βi_{bCE} が負荷抵抗 R_L を下から上に流れるので，

$$v_2 = -R_L \beta i_{bCE} \tag{3.49}$$

となります。（3.48）式と（3.49）式を用いて，電圧増幅度 A_v は次式のように求まります。

$$A_v = \frac{v_2}{v_1} = \frac{-\beta R_l}{Z_i + (1+\beta) Z_E} \tag{3.50}$$

（3.50）式に（3.45）式，（3.47）式を順次代入し，かつ $\beta \gg 1$，R_E が kΩ オーダ，r_e が数 10 Ω 程度なので，$R_E \gg r_e$ という近似を用いると，

$$\begin{aligned}
A_v &= \frac{-\beta R_L}{Z_i + (1+\beta) Z_E} \approx \frac{-\beta R_L}{Z_i + \beta \dfrac{R_E}{1 + j\omega C_E R_E}} = \frac{-\beta R_L (1 + j\omega C_E R_E)}{Z_i (1 + j\omega C_E R_E) + \beta R_E} \\
&= -\beta R_L \cdot \frac{1 + j\omega C_E R_E}{Z_i + \beta R_E + j\omega C_E R_E Z_i} \approx -\beta R_L \cdot \frac{1 + j\omega C_E R_E}{\beta r_e + \beta R_E + j\omega C_E R_E Z_i} \\
&= -\beta R_L \cdot \frac{1 + j\omega C_E R_E}{\beta (r_e + R_E) + j\omega C_E R_E Z_i} \approx -\beta R_L \cdot \frac{1 + j\omega C_E R_E}{\beta R_E + j\omega C_E R_E Z_i} \\
&= \frac{-\beta R_L}{R_E} \cdot \frac{1 + j\omega C_E R_E}{\beta + j\omega C_E Z_i} = -\frac{R_L}{R_E} \cdot \frac{1 + j\omega C_E R_E}{1 + j\omega C_E Z_i / \beta}
\end{aligned} \tag{3.51}$$

と整理できます。さらに，（3.51）式の Z_i に（3.47）式を代入すると，

$$A_v \approx -\frac{R_L}{R_E} \cdot \frac{1 + j\omega C_E R_E}{1 + j\omega C_E Z_i/\beta} \approx -\frac{R_L}{R_E} \cdot \frac{1 + j\omega C_E R_E}{1 + j\omega C_E r_e} \tag{3.52}$$

と簡単化できます。

(3.52)式の電圧増幅度A_vは，周波数$f \to 0$，つまり角周波数$\omega \to 0$の場合，

$$A_v \Big|_{\omega \to 0} \approx -\frac{R_L}{R_E} \tag{3.53}$$

と一定値（低域の電圧増幅度）になり，$f \to \infty$，つまり$\omega \to \infty$の場合，

$$A_v \Big|_{\omega \to \infty} \approx -\frac{R_L}{r_e} \tag{3.54}$$

と一定値（中域の電圧増幅度）になります。

次に，(3.52)式の分母，分子に関係する特徴的な周波数を(3.55)，(3.56)式のように定義します。

$$f_{CE1} \equiv \frac{1}{2\pi C_E Z_i / \beta} \approx \frac{1}{2\pi C_E r_e} \tag{3.55}$$

$$f_{CE2} \equiv \frac{1}{2\pi C_E R_E} \tag{3.56}$$

ここで，(3.51)式の導出でも使ったように，$R_E \gg r_e$なので，$f_{CE1} \gg f_{CE2}$の関係があります。(3.55)式，(3.56)式を(3.52)式に代入して整理すると，

$$A_v \approx -\frac{R_L}{R_E} \cdot \frac{1 + j(f/f_{CE2})}{1 + j(f/f_{CE1})} \tag{3.57}$$

となります。(3.57)式より振幅伝達関数$|A_v|$は(3.58)式となります。

$$|A_v| \approx \frac{R_L}{R_E} \cdot \sqrt{\frac{1 + \left(f/f_{CE2}\right)^2}{1 + \left(f/f_{CE1}\right)^2}} \tag{3.58}$$

(3.58)式は低周波側から周波数を増加させるとき，f_{CE2}, f_{CE1}で2回折れ曲がる形の関数です。f_{CE2}は時定数$C_E R_E$で決まる周波数で，低周波側から周波数が増加するときに増幅度が上りはじめる周波数です。f_{CE1}は時定数$C_E r_e$で決まる周波数で，高周波側から周波数が減少するときに増幅度が下がりはじめる周波数です。したがって，バイパスキャパシタC_Eを含む図3-27の等価回路では，低域遮断周波数はf_{CE1}となります。

〈数値例〉

(3.55)，(3.56)，(3.58)式に，回路定数として，$C_E = 100\ \mu\text{F}$，$R_E = 1\ \text{k}\Omega$，$R_L = 4\ \text{k}\Omega$，$r_e = 26\ \Omega$を代入して数値計算します。まず，f_{CE1}, f_{CE2}の値は，

$$f_{CE1} \approx \frac{1}{2\pi C_E r_e} = \frac{1}{2\pi \times 10^{-4} \times 26} = \frac{10^4}{2\pi \times 26} \approx 61.21\ \text{Hz}$$

$$f_{CE2} \approx \frac{1}{2\pi C_E R_E} = \frac{1}{2\pi \times 10^{-4} \times 10^3} = \frac{10}{2\pi} \approx 1.592\ \text{Hz}$$

よって振幅伝達関数$|A_V|$は，

$$|A_v| \approx \frac{R_L}{R_E} \cdot \sqrt{\frac{1 + (f/f_{CE2})^2}{1 + (f/f_{CE1})^2}} \approx 4 \times \sqrt{\frac{1 + (f/1.592)^2}{1 + (f/61.21)^2}}$$

となります。

　この $|A_v|$ をプロットすると図3-28のようになります。高周波側（中域）では増幅度が $20\log(R_L/r_e) = 20\log(4000/26) = 43.7$ dB で一定ですが，$f_{CE1} = 61.2$ Hz で3 dB 低下します。また低周波側では増幅度が $20\log(R_L/R_E) = 20\log(4k/1k) = 12.0$ dB と一定ですが，$f_{CE2} = 1.59$ Hz で3 dB 上昇することがわかります。

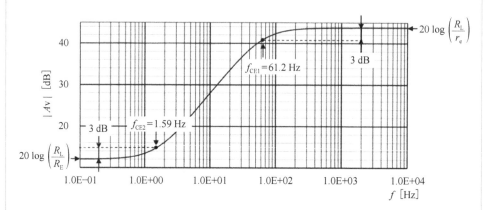

図3-28　バイパスキャパシタ C_E を考慮した振幅伝達特性（数値例による計算値）

▶ 低域遮断周波数のまとめ

　表3-1に3種類のキャパシタによる低域遮断周波数の設計式の比較を示します。

　表において，R_1，R_2，R_L，R_i，Z_i がいずれも kΩ オーダであるのに対し，$r_e \approx Z_i/\beta$ は1～10 Ω オーダです。したがって，各キャパシタの静電容量の条件を同程度とすると，バイパスキャパシタ C_E による周波数 f_{CE1} が最も大きな値になることがわかります。つまり，低域遮断周波数は，C_E で決めればよく，C_1，C_2 は交流信号成分をエミッタ接地回路に入出力するだけの役割でよいということになります。一方，高域遮断周波数は，トランジスタの交流電流増幅率 β の低下[7]，ベース－コレクタ間容量によるベース端子への逆位相信号入力（負帰還），回路を組み立てる配線の分布容量など，複数の要因がからみあっており，高域遮断周波数の設計には，より高度な回路に関する知見が必要になります。

7　Fairchild社が公表している 2N3904 のデータシートでは，Min値が300 MHz と記載されています。

表3-1　低域遮断周波数の設計式比較

周波数制御部	低域遮断周波数	参照式
入力側キャパシタ C_1	$f_{C1} = \dfrac{1}{2\pi C_1 (R_1 /\!/ R_2 /\!/ Z_i)}$	(3.36)
出力側キャパシタ C_2	$f_{C2} = \dfrac{1}{2\pi C_2 (R_L + R_i)}$	(3.44)
バイパスキャパシタ C_E	$f_{CE1} = \dfrac{1}{2\pi C_E Z_i / \beta} \approx \dfrac{1}{2\pi C_E r_e}$	(3.55)

シミュレーション実習（エミッタ接地回路）

　次に，本節で説明したエミッタ接地増幅回路の各種特性について，LTspiceでシミュレーションします。

（a）2電源バイアス回路

　まず，図3-19に示した回路のバイアス設定（図3-20）と出力信号について確認します。図3-29にLTspiceに入力した回路を示します。V2はベースのバイアス電圧 V_{BEQ} を決める直流電源です。図3-8を十字カーソルで読み取った結果，$I_{EQ} \approx I_{CQ} = 8.0$ mAを狙って，V2 = 709 mVに設定しました。V1はコレクタ側の直流電源 V_{CC} で9Vにしました。この回路に「.op」ディレクティブを設定して，DC動作点を計算した結果を回路図に示しています。この結果，I_{EQ}，I_{CQ} ともに7.8 mAとなり，ほぼ狙い通りのバイアス電流が設定できました。また，ベース電流は $I_{BQ} = 25.5$ μAなので，

　直流電流増幅率 $\beta_0 = I_{CQ}/I_{BQ} = 7.79$ mA/25.5 μA$\approx$305

となりました。この値は，コレクタ側の抵抗R1を入れないで図3-11により測定した値（319）よりも低若干低くなっています。

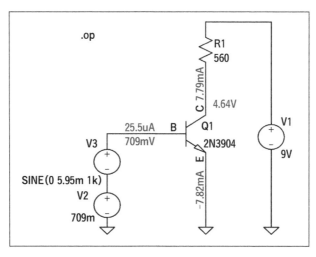

図3-29　エミッタ接地回路のDC動作点解析結果（EX3_4）

次に，図3-29の回路に，「.tran 3ms」ディレクティブを適用して，過渡解析を実行しました。交流入力信号として，V3に振幅5.95 mV，周波数1 kHzを設定した結果を，図3-30に示します。

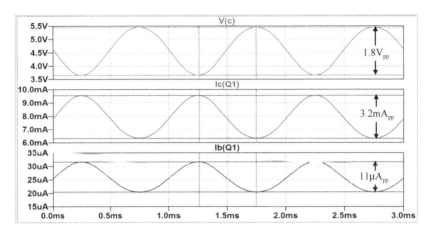

図3-30　エミッタ接地回路の入出力波形（.tran 3msで計算）

図のように，ベース電流i_bが11 μA_{PP}，コレクタ電流i_cが3.2 mA_{PP}で，コレクタ電圧v_{ce}が1.8 V_{PP}と図3-20の負荷線による読み取り値とよく一致する結果となりました。交流電流増幅率は，β = 3.2 mA/11 $\mu A \approx 291$ となります。

（b）電流帰還バイアス回路の設計

ここではバイアス回路を設計し，図3-21の抵抗値を決定します。前提条件として，これまでのシミュレーション結果をふまえて以下のことを想定します。

- トランジスタ：2N3904を使います。β_0 = 305，V_{BE} = 709 mV（図3-29）とします。
- 直流電源：V_{CC} = 9 V
- バイアス点の電流：I_{CQ} = 8 mA，$I_{BQ} = I_{CQ}/\beta_0$ = 8 mA/305 = 26.2 μA（図3-20）
- R_Eによる電圧降下はV_{CC}の10 %とします[8]。
- $V_{CEQ} \approx V_{RLQ}$とします。
- ブリーダ電流I_A（R_2を流れる電流）：I_{BQ}の20倍とします。
- (1) R_Eの計算：$V_{EQ} = R_E I_{EQ}$ = 0.1V_{CC} = 0.9 V，$I_{EQ} \approx I_{CQ}$ = 8 mA　とすると，
  R_E = 0.1V_{CC}/I_{EQ} = 0.9 V/8 mA $\approx$ 113 Ω　となります。
- (2) R_Lの計算：コレクタに接続されたR_Lに流れるバイアス電流はI_{CQ} = 8 mAです。R_Lによる電圧降下と，$V_{CEQ} = V_{CQ} - V_{EQ}$とを等しくすると，出力信号の振幅が最大化

8　抵抗R_Eは大きいほど回路が安定になりますが，抵抗値を大きくしすぎると，R_Lによる出力電圧の振幅が小さくなるので，V_{CC}の10〜20 %程度にするのが一般的とされています。

できます。したがって，$R_L I_{CQ} = 0.5 \times (V_{CC} - V_{EQ})$ より，

$R_L = 0.5 \times (V_{CC} - V_{EQ})/I_{CQ} = 0.5 \times (9\,\mathrm{V} - 0.9\,\mathrm{V})/8\,\mathrm{mA} = 506\,\Omega$　となります。

(3) ブリーダ電流：$I_A = 20 \times I_{BQ} = 20 \times 26.2\,\mu\mathrm{A} = 0.524\,\mathrm{mA}$　となります。

(4) R_2 の計算：上記ブリーダ電流 I_A を使って，$V_{BQ} = R_2 I_A$ より，

$R_2 = V_{BQ}/I_A = (V_{EQ} + V_{BE})/I_A = (0.9\,\mathrm{V} + 0.709\,\mathrm{V})/0.524\,\mathrm{mA} = 3.07\,\mathrm{k}\Omega$　となります。

(5) R_1 の計算：R_1 による電圧降下は，

$R_1(I_A + I_{BQ}) = V_{CC} - V_{BQ} = V_{CC} - (V_{EQ} + V_{BE})$ より，

$R_1 = (V_{CC} - (V_{EQ} + V_{BE}))/(I_A + I_{BQ})$

$= (9\,\mathrm{V} - 0.9\,\mathrm{V} - 0.709\,\mathrm{V})/(0.524\,\mathrm{mA} + 0.0262\,\mathrm{mA}) = 13.4\,\mathrm{k}\Omega$

となります。

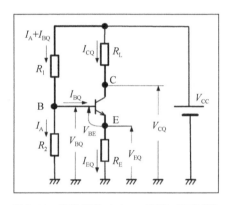

図3-21　電流帰還バイアス回路（再掲載）

(c) エミッタ接地増幅回路の諸量計算と動作確認

ここでは，バイアス計算の結果をふまえて図3-23に示した増幅回路を設計します。

(1) r_e の計算：トランジスタの微小信号等価回路において，(3.10)式より，

$$r_e \approx \frac{0.026\,\mathrm{V}}{I_{EQ}} = \frac{26\,\mathrm{mV}}{8\,\mathrm{mA}} = 3.3\,\Omega$$　となります。

(2) 電圧増幅度の計算：(3.31)式に (3.47)式の近似を適用すると，

$$A_v = \frac{v_2}{v_1} = -\frac{\beta R_L}{Z_i} = -\frac{R_L}{(Z_i/\beta)} \approx -\frac{R_L}{r_e} = -\frac{506\,\Omega}{3.3\,\Omega} \approx -153$$　となります。

(3) 低域遮断周波数の設定：可聴周波数の下限[9]を考慮して，低域遮断周波数を 20 Hz として設計します。表3-1に関係して説明したように，低域遮断周波数はバイパスキャパシタ C_E の効果が支配的なので，(3.55)式を用いて，

$$f_{CE1} \approx \frac{1}{2\pi C_E r_e} \;\Rightarrow\; C_E \approx \frac{1}{2\pi f_{CE1} r_e} \approx \frac{1}{2 \times 3.14 \times 20 \times 3.3} = 2.4 \times 10^{-3} = 2400\,\mu\mathrm{F}$$

9　人の耳で聞こえる音波の周波数範囲で，20 Hz〜20 kHz程度とされています。

となります。また，結合キャパシタC_1，C_2としては100 µFを使うこととし，次段の入力インピーダンスを$R_i = 1\,\text{k}\Omega$と仮定すると，(3.36)式，(3.44)式より

$$f_{C1} = \frac{1}{2\pi C_1(R_1 // R_2 // Z_i)} \approx \frac{1}{2\pi C_1(R_1 // R_2 // \beta r_e)}$$

$$\approx \frac{1}{2\times3.14\times10^{-4}\times(R_1 // R_2 // 291\times3.3)} \approx \frac{10^4}{2\times3.14\times(13.4\text{k} // 3.07\text{k} // 0.96\text{k})}$$

$$\approx \frac{10^4}{2\times3.14\times(2.50\text{k} // 0.96\text{k})} \approx \frac{10^4}{2\times3.14\times694} \approx 2.3\text{Hz}$$

$$f_{C2} = \frac{1}{2\pi C_2(R_L + R_i)} \approx \frac{1}{2\times3.14\times10^{-4}\times1.5\times10^3} = \frac{10}{2\times3.14\times1.5} \approx 1.1\text{Hz}$$

となり，f_{C1}，f_{C2}ともに$f_{CE1}\approx20\,\text{Hz}$に比べて十分小さな値になることがわかります。

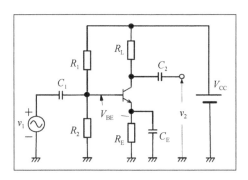

図3-23　エミッタ接地交流増幅回路（再掲載）

■ LTspiceによるバイアス設定確認

計算結果に従って，回路を入力して「.op」ディレクティブにより動作点解析を実行した結果を図3-31に示します。これより，I_{CQ}の設計目標8 mAに対して7.96 mAとほぼ目標どおりになっています。この結果，エミッタ電位V_{EQ}も目標の0.9 Vとほぼ一致する0.902 Vとなりました。

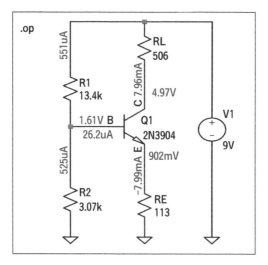

図3-31　電流帰還バイアス回路の動作点解析結果（Ex3_5）

LTspice による交流増幅特性解析

図3-32のように結合キャパシタC_1，C_2と，バイパスキャパシタC_E，および次段の入力インピーダンスR_iを含めたエミッタ接地増幅回路をLTspiceに入力しました。回路を見やすくするために電源の配線ラベル「VCC」，と出力端子の配線ラベル「V2」を配置しました。特に出力端子は，「Port Type」として「Output」を選択して出力端子であることをわかりやすくしていますが，デフォルトの「None」でも動作に違いはありません。次 に電圧源V1を右クリックして「Voltage Source」のフォームから「Advanced」ボタンをクリックし，「Small signal AC Analysis（AC）」欄で「AC Amplitude 1V」とし，電圧増幅度を求めやすくしています。また過渡解析で増幅された信号の波形を観測するために，「Functions」欄で「SINE」を選択し，「Freq 1kHz」，「Amplitude 10mV」とします。またC2の出力側には次段の入力インピーダンスとして$R_i = 1\,\mathrm{k\Omega}$の抵抗を配置します。$R_i$を配置することにより，図3-26を用いて説明した通り，中域の増幅度が変化します。具体的には，R_L，R_iの並列インピーダンスをR'_Lとして，

$$R'_L = R_L // R_i \tag{3.59}$$

を用いて，中域増幅度は（3.60）式のようになります。ただし，（3.47)式の近似をここでも使って式を変形しています。

$$|A_v| = \frac{\beta R'_L}{Z_i} = \frac{R'_L}{Z_i/\beta} \approx \frac{R'_L}{r_e} \tag{3.60}$$

図3-32の回路の素子値を代入すると，$R'_L = R_L // R_i = \dfrac{R_L R_i}{R_L + R_i} = \dfrac{1\mathrm{k} \times 0.506\mathrm{k}}{1\mathrm{k} + 0.506\mathrm{k}} \approx 336\,\Omega$ を用いて，電圧増幅度は$|A_v| \approx \dfrac{R'_L}{r_e} = \dfrac{336\,\Omega}{3.3\,\Omega} \approx 102$，電圧利得は$20\log(336/3.3) = 40.2\,\mathrm{dB}$ と予想できます。さらに，低域遮断周波数が$20\,\mathrm{Hz}$になるように，$C_E = 2400\,\mathrm{\mu F}$としました。

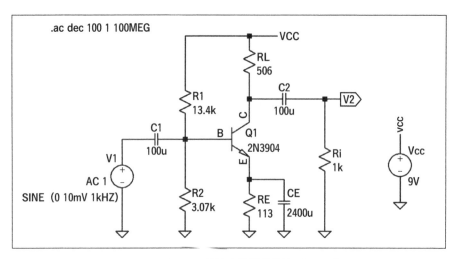

図3-32 エミッタ接地交流増幅回路（Ex3_6）

▶ AC解析の結果

回路図の空白部で右クリックして「Edit Simulation Command.」フォームを開き，「AC Analysis」タブをクリックし，図3-33のように設定します。「Stop frequency」欄の「100 MEG」は100 MHzを意味します。「100 M」と入力すると100 mHzとなるので注意してください。入力が終わったらOKボタンを押して「.ac」ディレクティブを回路図に貼りつけて，「Run」ボタンで実行し，電圧プローブを出力ラベル「V2」に設定してください。

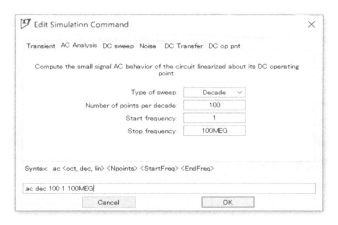

図3-33 AC解析の設定

図3-34にシミュレーション結果のグラフを示します。また，十字カーソルを2本表示させて，中域利得と低域遮断周波数（中域利得から3 dB低下する周波数を計測した読み取り結果）を示す測定値ウインドゥを図中に合わせて示しています。中域の利得のシミュレーション値は39.5 dBで設計値40.2 dBにほぼ一致しています。また，低域遮断周波数はシミュレーション値20.9 Hzで，設計値20 Hzとほぼ一致しています。また高域遮断周波数は図3-34のグラフでは20 MHz程度と読み取れますが，これには回路実装時の配線の分布容量の影響などは含まれておらず，あくまでトランジスタ（2N3904）のSPICEモデルのみを考慮したものなので，実験を併用した確認作業が必要です。

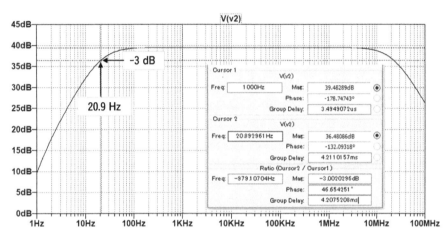

図3-34　エミッタ接地交流増幅回路のAC解析結果

▶ 過渡解析の結果

回路図の空白部で右クリックして「Edit Simulation Command.」フォームを開き，「Transient」タブをクリックします。図3-35のように，「Stop time」欄に3 msと入力します。これは1 kHzの交流波形を3周期分観測するためです。入力が終わったらOKボタンを押して「.tran」ディレクティブを回路図に貼りつけて，「Run」ボタンで実行し，電圧プローブを出力ラベル「V2」に設定してください。

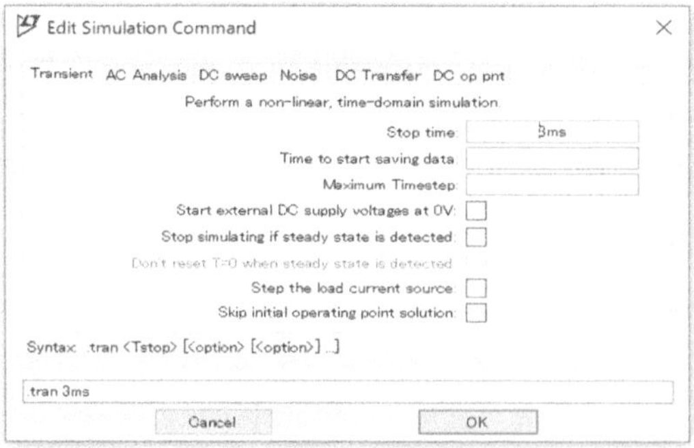

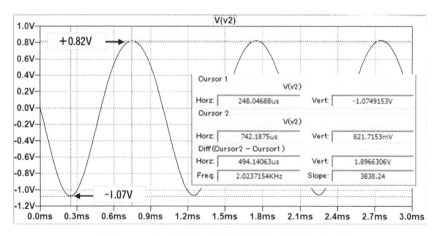

図3-35　過渡解析の設定

　図3-36にシミュレーション結果のグラフを示します。また，十字カーソルを2本表示させて，出力された波形のピーク点とボトム点の電圧を読み取ります。十字カーソルの読み取り値を示す測定値ウインドウを図中に合わせて示しています。カーソル読み取り値より，出力電圧の振幅はピーク点が0.82 V，ボトム点が-1.07 Vで，1.90 V_{PP} となっています。入力信号は1 kHz，20 mV_{PP} なので，この周波数で95倍に電圧増幅されています。これは設計値の102倍よりも7％低い値ですが，20 log95 = 39.6 dBなのでAC解析の結果（39.5 dB）とは，よく合っています。また，出力波形は0 Vに対して正の電圧振幅が小さく，負の電圧振幅が大きくなっており，正負非対称な歪みがあります。これは，図3-11に示したコレクタ電流 I_C とベース電流 I_B の関係が厳密には直線ではなく，バイアス点を中心とした電流振幅により非線形に変化することが原因だと推察されます。対称性改善のためにはバイアス点を変更するなど，シミュレーション条件を変えて検討することが有効だと考えられます。

図3-36　エミッタ接地交流増幅回路の過渡解析結果

3.3 …… コレクタ接地回路

　ここでは，エミッタ接地回路に次いでよく使われる，コレクタ接地回路について説明します。エミッタ接地回路は電流・電圧の増幅を行いますが，コレクタ接地回路の場合，電流は増幅しますが電圧は増幅しません。つまり，負荷抵抗が変化しても出力電圧が変わらないのが特徴で，ある回路の出力電圧を他の回路に正確に伝えるのに使われます。

■ コレクタ接地回路の基本構成とバイアス点の設定

　図3-37にコレクタ接地回路を示します。トランジスタのコレクタは直接接地されずに直流電源V_{CC}に接続されていますが，直流電圧源は交流信号に対しては短絡されていることを考慮すると，この回路がコレクタ接地であることがわかります。

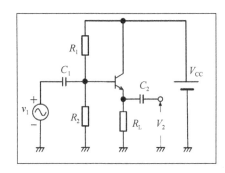

図3-37　コレクタ接地回路の構成

　バイアスの計算を行うために，図3-37のキャパシタをすべて開放すると図3-38が得られます。この回路で，ベース電流I_{BQ}が十分に小さいとして無視すると，ベース電圧は次式で与えられます。

$$V_{BQ} = \frac{R_2}{R_1 + R_2} V_{CC} \tag{3.61}$$

エミッタ電圧V_{EQ}は，これよりV_{BE}低いので，

$$V_{EQ} = V_{BQ} - V_{BE} \tag{3.62}$$

となります。このV_{EQ}は，抵抗R_Lの両端電圧に等しいので，エミッタ電流I_{EQ}は，

$$I_{EQ} = \frac{V_{EQ}}{R_L} \tag{3.63}$$

と求められます。コレクタ電圧V_{CQ}は，電源電圧に等しいので，

$$V_{CQ} = V_{CC} \tag{3.64}$$

また，$I_{BQ} \approx 0$という近似の下ではコレクタ電流I_{CQ}は，

$$I_{CQ} \approx I_{EQ} \tag{3.65}$$

となります。以上（3.61）式〜（3.65）式によりすべてのバイアスが求まりました。

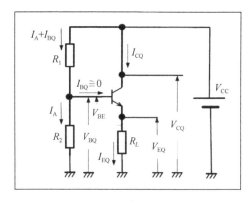

図3-38 コレクタ接地の直流回路

コレクタ接地回路の微小信号等価回路

トランジスタの微小信号等価回路（図3-17）を用いて描いたコレクタ接地の交流等価回路を図3-39に示します。図では直流電源V_{CC}とすべてのキャパシタを短絡してあります。この等価回路を用いて回路の入力インピーダンスと電圧増幅度を求めます。

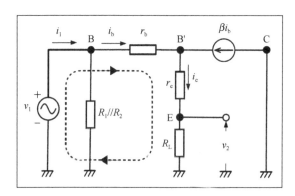

図3-39 コレクタ接地の交流等価回路

▶ 入力インピーダンス

入力インピーダンスはエミッタ接地の場合と同様に求められます。等価回路の入力にはバイアス用の抵抗R_1，R_2が並列に接続され，これにさらにトランジスタのベースから見たインピーダンスZ_iが並列接続されていると考えられます。図3-39の点線に沿ったループにキルヒホッフの電圧則を適用して，次式が得られます。

$$v_1 = r_b i_b + (r_e + R_L) i_e$$
$$= r_b i_b + (r_e + R_L)(1 + \beta) i_b \tag{3.66}$$

これよりZ_iは，

$$Z_i = \frac{v_1}{i_b} = r_b + (1 + \beta)(r_e + R_L) \tag{3.67}$$

となります。ここで $(1 + \beta)(r_e + R_L) \gg r_b$, $R_L \gg r_e$, および $\beta \gg 1$ という近似を用いると，(3.67)式は次式のように近似できます。

$$Z_i \approx (1 + \beta) R_L \approx \beta R_L \tag{3.68}$$

よって信号源 v_1 から見た入力インピーダンス Z_{in} は，(3.68)式を用いて，

$$Z_{in} = R_1 /\!/ R_2 /\!/ Z_i \approx R_1 /\!/ R_2 /\!/ \beta R_L \tag{3.69}$$

となります。(3.68)式で R_L は $k\Omega$ オーダで，β は数百程度なので，Z_i は非常に大きな値となります。したがって，Z_{in} はほぼブリーダ抵抗 R_1, R_2 で決まってしまいます。

▶ 電圧増幅度

出力電圧 v_2 は，図3-39の負荷抵抗 R_L の電圧なので，

$$v_2 = R_L i_e = R_L(i_b + \beta i_b) = (1 + \beta) R_L i_b \tag{3.70}$$

電圧増幅度は v_2 と v_1 の関係なので，(3.67)式より i_b を求めて (3.70)式に代入すると，

$$v_2 = (1 + \beta) R_L \frac{v_1}{Z_i} = (1 + \beta) R_L \frac{v_1}{r_b + (1 + \beta)(r_e + R_L)} \tag{3.71}$$

が得られます。これより電圧増幅度は次式のようになります。

$$A_v = \frac{v_2}{v_1} = \frac{(1 + \beta) R_L}{r_b + (1 + \beta)(r_e + R_L)} \tag{3.72}$$

(3.72)式の分母は分子より大きいので，電圧増幅度は1.0より小さくなります。(3.72)式の分母は Z_i なので，(3.68)式の近似を用いると，

$$A_v \approx 1.0 \tag{3.73}$$

となります。したがって，コレクタ接地回路は負荷抵抗の値によらず入力電圧と同じ電圧を出力する回路となるため，この特徴をとらえてボルテージホロワ（voltage follower）と呼びます。また，エミッタが入力電圧に追従する回路という意味でエミッタホロワ（emitter follower）とも呼びます。

▶ C_1 による遮断周波数 f_{C1}

図3-40 にベース B への入力部に結合キャパシタ C_1 を入れた等価回路を示します。ベースへの交流入力信号 v_1' と元の入力信号 v_1 の比は，

$$\frac{v_1'}{v_1} = \frac{R_1 /\!/ R_2 /\!/ Z_i}{\dfrac{1}{j\omega C_1} + R_1 /\!/ R_2 /\!/ Z_i} = \frac{1}{1 + \dfrac{1}{j\omega C_1(R_1 /\!/ R_2 /\!/ Z_i)}} \tag{3.74}$$

となります。したがって低域遮断周波数が f_{C1} となる C_1 は，

$$\omega C_1(R_1 /\!/ R_2 /\!/ Z_i) = 1 \quad \Rightarrow \quad 2\pi f_{C1} C_1(R_1 /\!/ R_2 /\!/ Z_i) = 1 \text{ より,}$$

$$C_1 = \frac{1}{2\pi f_{C1}(R_1 /\!/ R_2 /\!/ Z_i)} \tag{3.75}$$

となります。ここで Z_i に（3.68）式の近似を用いると，C_1 は次式のようになります。

$$C_1 \approx \frac{1}{2\pi f_{C1}(R_1 /\!/ R_2 /\!/ \beta R_L)} \tag{3.76}$$

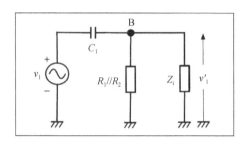

図3-40　結合キャパシタC_1を考慮した入力部の等価回路（低域遮断周波数f_{C1}の計算）

▷ C_2による遮断周波数f_{C2}

図3-41にエミッタEの出力部に結合キャパシタC_2と次段の入力インピーダンスR_iを入れた等価回路を示します。エミッタホロワの電圧増幅度自体は約1.0なので，C_2，R_iが挿入されてもv_2には変化はありません。出力電圧v_2'とv_2の比は，

$$\frac{v_2'}{v_2} = \frac{R_i}{R_i + \dfrac{1}{j\omega C_2}} = \frac{1}{1 + \dfrac{1}{j\omega C_2 R_i}} \tag{3.77}$$

となります。したがって低域遮断周波数がf_{C2}となるC_2は，

$$\omega C_2 R_i = 1 \quad \Rightarrow \quad 2\pi f_{C2} C_2 R_i = 1 \text{ より，}$$

$$C_2 = \frac{1}{2\pi f_{C2} R_i} \tag{3.78}$$

となります。

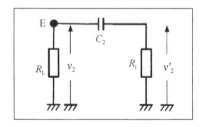

図3-41　結合キャパシタC_2を考慮した出力部の等価回路（低域遮断周波数f_{C2}の計算）

▷ シミュレーション実習（コレクタ接地回路）

次に，本節で説明したエミッタ接地増幅回路の各種特性について，LTspiceでシミュレーションします。

（a）バイアス回路の設計

ここではバイアス回路設計により，図3-38の抵抗値を決定します。前提条件として以下のことを想定します。

- トランジスタ：2N3904を使います。$\beta_0 = 305$，$V_{BE} = 709 \, \mathrm{mV}$ とします（図3-29）。
- 直流電源：$V_{CC} = 9 \, \mathrm{V}$
- バイアス点の電流：$I_{CQ} = 8 \, \mathrm{mA}$，$I_{BQ} = I_{CQ}/\beta_0 = 8 \, \mathrm{mA}/305 = 26.2 \, \mu\mathrm{A}$
- $V_{EQ} = \dfrac{V_{CC}}{2}$ として最大の振幅を得ます。
- ブリーダ電流 I_A（R_2 を流れる電流）：I_{BQ} の20倍とします。

(1) R_L の計算：$V_{EQ} = R_L I_{EQ} = 0.5 V_{CC} = 4.5 \, \mathrm{V}$，$I_{EQ} \approx I_{CQ} = 8 \, \mathrm{mA}$ とすると，

$R_L = 0.5 V_{CC}/I_{EQ} = 4.5 \, \mathrm{V}/8 \, \mathrm{mA} \approx 563 \, \Omega$ となります。

(2) ブリーダ電流：$I_A = 20 \times I_{BQ} = 20 \times 26.2 \, \mu\mathrm{A} = 0.524 \, \mathrm{mA}$ となります。

(3) R_2 の計算：上記ブリーダ電流 I_A を使って，$V_{BQ} = R_2 I_A$ より，

$R_2 = V_{BQ}/I_A = (V_{EQ} + V_{BE})/I_A = (4.5 \, \mathrm{V} + 0.709 \, \mathrm{V})/0.524 \, \mathrm{mA} = 9.94 \, \mathrm{k}\Omega$ となります。

(4) R_1 の計算：ブリーダ電流による電圧降下は，

$R_1(I_A + I_{BQ}) = V_{CC} - V_{BQ} = V_{CC} - (V_{EQ} + V_{BE})$ より，

$R_1 = (V_{CC} - (V_{EQ} + V_{BE}))/(I_A + I_{BQ}) = (9 \, \mathrm{V} - 4.5 \, \mathrm{V} - 0.709 \, \mathrm{V})/(0.524 \, \mathrm{mA} + 0.0262 \, \mathrm{mA})$

$= 3.791 \, \mathrm{V}/0.550 \, \mathrm{mA} = 6.89 \, \mathrm{k}\Omega$

となります。

（b）交流増幅回路の設計

ここでは，バイアス計算の結果をふまえて図3-37に示したコレクタ接地回路を設計します。以下のような想定をします。

- 出力電流：エミッタ電圧 V_{EQ} は抵抗 R_L の両端電圧に等しいので，
$I_{EQ} = V_{EQ}/R_L = V_{CC}/(2R_L) = 8 \, \mathrm{mA}$ となります。ここで，中域での出力電圧振幅 $\pm V_{CC}/4 = \pm 2.25 \, \mathrm{V}$ とすると，R_L に流れる交流電流は，$\pm V_{CC}/(4R_L) = \pm 4.0 \, \mathrm{mA}$ となります。
- 低域遮断周波数：20 Hz とします。
- 次段の入力インピーダンス R_i は，エミッタ接地回路の場合（図3-32）と同じく1.0 kΩ とします。

(1) 結合キャパシタ C_1：(3.76)式にバイアス設計で求めた抵抗値を代入し，可聴域の下限より $f_{C1} = 20 \, \mathrm{Hz}$ とし，交流電流増幅率は図3-12を参照して，$\beta \approx 313$ とすると，

$$C_1 \approx \frac{1}{2\pi f_{C1}(R_1 /\!/ R_2 /\!/ \beta R_L)} \approx \frac{1}{2 \times 3.14 \times 20 \times (6.89\mathrm{k} /\!/ 9.94\mathrm{k} /\!/ (313 \times 0.563\mathrm{k}))}$$

$$\approx \frac{1}{2 \times 3.14 \times 20 \times (6.89\mathrm{k} /\!/ 9.94\mathrm{k} /\!/ 176\mathrm{k})} = \frac{1}{2 \times 3.14 \times 20 \times (4.07\mathrm{k} /\!/ 176\mathrm{k})}$$

$$\approx \frac{1}{2 \times 3.14 \times 20 \times 3.98\mathrm{k}} = \frac{10^{-4}}{2 \times 3.14 \times 2 \times 3.98} \approx 2.00 \times 10^{-2} \times 10^{-4} = 2.00 \, \mu\mathrm{F}$$

となります。

(2) 結合キャパシタ C_2：(3.78)式を使って，可聴域の下限より$f_{C2} = 20\,\mathrm{Hz}$とすると，

$$C_2 = \frac{1}{2\pi f_{C2} R_i} = \frac{1}{2 \times 3.14 \times 20 \times 1\mathrm{k}} = \frac{10^{-4}}{2 \times 3.14 \times 2}$$
$$= 7.96 \times 10^{-2} \times 10^{-4} \approx 8.0\,\mu\mathrm{F}$$

となります。

上記の静電容量に余裕をみて，$C_1 = C_2 = 22\,\mu\mathrm{F}$とします。

▨ LTspiceによるバイアス設定確認

計算結果に従って，回路を入力して「.op」ディレクティブにより動作点解析を実行した結果を図3-42に示します。これより，I_{CQ}の設計目標8\,mAに対して7.97\,mA，エミッタ電位はV_{EQ}の設計目標4.5\,Vと同じ，と設計目標が達成できています。

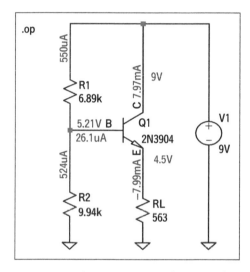

図3-42　コレクタ接地回路の動作点解析結果（Ex3_7）

▨ LTspiceによる交流増幅特性解析

図3-43のように結合キャパシタC_1，C_2，および次段の入力インピーダンスR_iを含めたエミッタ接地増幅回路をLTspiceに入力しました。回路を見やすくするために電源の配線ラベル「Vcc」，と出力端子の配線ラベル「OUT」を配置しています。

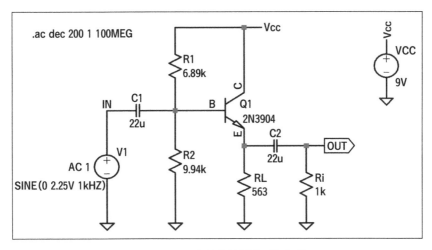

図3-43 コレクタ接地回路 (Ex3_8)

AC解析の結果

図3-44にシミュレーション結果を示します。十字カーソルを2本表示させて，中域利得と低域遮断周波数（中域利得から3dB低下する周波数を計測した読み取り結果）を示す測定値ウインドウを合わせて示しています。100Hz以上の周波数では利得約 − 0.09dBで一定であり，(3.73)式の解析と一致します。また，利得 − 3dBの低域遮断周波数は7.7Hzで20Hzの設計仕様に対してC_1，C_2の容量に余裕をもたせた結果を反映しています。高域は100MHzまではほぼ0dBと平坦な特性ですが，回路実装時の配線の分布容量などの効果が入っていないので，実験を併用した確認作業が必要です。

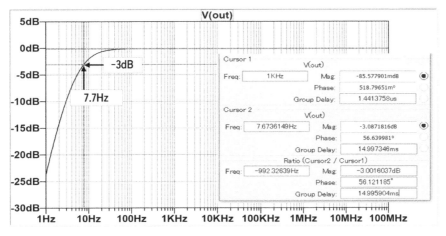

図3-44 コレクタ接地回路のAC解析結果

過渡解析の結果

　入力信号としては図3-43の回路図のV1の設定でわかるように，振幅2.25 V，1 KHzの正弦波信号を設定しました。3周期分の出力波形を観測するために，「.tran 3m」ディレクティブを回路図に張りつけてシミュレーションを実行しました。電圧プローブを「OUT」ラベルにおき，また電流プローブをRLにおいて出力電圧と電流を観測しました。このように，複数の出力を指定すると，図3-45のように2個の波形が同一グラフに表示されるのですが，より見やすくするために，次のようにして別のグラフに分離プロットしました。

- グラフ・ウインドウの上で右クリック
- ポップアップ・メニューから「Add Plot Plane」を選ぶ
- 新しく表示された空のペインにトレースラベルI（RI）をドラッグ＆ドロップ

　この結果得られたグラフを図3-46に示します。図には上下のグラフにそれぞれ十字カーソルを2本表示させて，波形のピーク点とボトム点の計測を行った測定値ウインドウも同時に示しています。出力電圧は±2.2 V（設計値2.25 V），出力電流はI_{EQ} = 8 mAを中心にして，±3.9 mA（設計値±4 mA）となり設計とほぼ同等の結果が得られています。

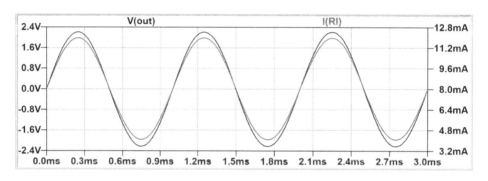

図3-45　過渡解析の結果（電圧出力と電流出力を1枚のグラフに表示）

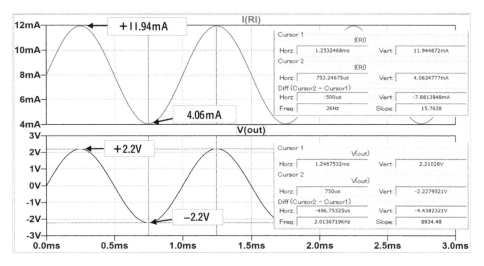

図3-46　過渡解析結果（電圧出力と電流出力を別のグラフに分離）

トランジスタの誕生

　1947年12月に米国・ベル研究所でバーディーン，ブラッテンによって点接触型トランジスタ（図C2）が発明されました。具体的には，高純度Ge（ゲルマニウム）単結晶の表面に2本の針状の金線を近づけて立て，片方に電流を流すと，もう片方に大きな電流が流れ，信号が100倍に増幅されるという現象を発見しました。この5週間後の1948年1月には，同研究所のショックレーが，より安定した動作と量産の容易さを兼ね備えた接合型トランジスタを発明したことで，トランジスタ時代が到来しました。

図C2　点接触型トランジスタの復元模型[1]（ベル研（米国））

　1946年に米国・ペンシルバニア大学が開発した真空管を利用したコンピュータは，建物が真空管で一杯になるほど大きく，使用電力も発熱も膨大でした。しかし，画期的なトランジスタ式計算機（コンピュータ）の登場で，以降コンピュータは大きな成長を遂げていきます。それまではラジオも真空管を使っていましたが，トランジスタによって大幅に小型化され，携帯できるようになりました。その後，半導体の研究とトランジスタの開発が認められ，1956年にショックレー，バーディーン，ブラッテン3名にノーベル物理学賞が授与されました。

[1]　Nokia Bell Labs（1956 Nobel Prize in Physics）
　　　https://www.bell-labs.com/about/awards/1956-nobel-prize-physics/

第4章 MOS-FET回路の設計

　この章では，トランジスタとならんで重要な半導体素子であるMOS-FET[1]を用いた回路の設計法について説明します。最初にMOS-FETの構造と直流特性について説明します。続いて，基本的な増幅回路であるソース接地回路の動作とシミュレーションについて説明します。さらにMOS-FETの応用回路として定電流回路と差動増幅回路についてシミュレーションを交えて紹介します。本章でもLTspiceを使って回路の動作を確認できるように説明しますので，ぜひ自分でシミュレーションを追試して理解を深めてください。

4.1 …… MOS-FETの構造と基本特性

　FET（電界効果トランジスタ）は，トランジスタと同様に増幅作用をもった半導体素子です。FETにもいくつかの種類がありますが，最近多く使用されるMOS-FETの動作原理を説明します。MOS-FETの半導体部分は，トランジスタと同様にnpnまたはpnpがあります。図4-1（左）はnpn構成のnチャネルMOS-FETの構造と図記号を示しています。トランジスタのコレクタ，ベース，エミッタに相当するのが，ドレーン（D），ゲート（G），ソース（S）と呼ばれています。図4-1（右）のように，ゲート電極の電圧が$V_{GS} = 0\,V$の場合，ドレーンとソースとの間には電流は流れません。これに対してゲートにプラス電圧をかけると，p形基板中に少量含まれる電子がゲート電極の直下に引き寄せられて橋が架けられたような状態になり，ドレーンとソースの間にドレーン電流I_Dが流れます。この電流を流す「橋」のことをチャネルと呼びます。チャネルの厚さは，ゲートにかける電圧V_{GS}によって制御でき，ゲートにかける小さな信号電圧の変化でドレーン電流を大きく変化させることができます。これによって，「増幅回路」として動作するのです。MOS-FETはゲートの下に絶縁膜（SiO_2）がはさまれているので，ゲートにはまったく電流が流れません。したがって，消費電力が小さいという特徴があります。これに対して3章で取り扱ったトランジスタはベースにバイアス電流を流して使うので消費電力の点で不利だといえます。このような理由で，近年のLSIの内部にはMOS-FETが多数集積されて複雑な回路システムが実装されています。

1　Metal-Oxide-Semiconductor Field-Effect Transistor（金属酸化膜半導体電界効果トランジスタ）

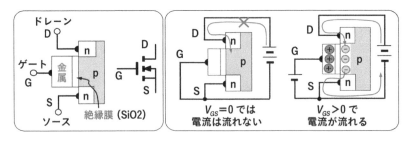

図4-1　nチャネルMOS-FETの構造と動作（エンハンスメント形）

　図4-1では，$V_{GS} = 0\,\text{V}$のときドレーン電流I_Dが流れないタイプのFETについて説明しました。このような特性のFETを「エンハンスメント形」と呼びます。このタイプの$I_D - V_{GS}$特性を図4-2（a）に示します。図のように，正のしきい電圧V_T以上のゲート電圧のときに，ドレーン電流I_Dが2次関数状に増加する特性です。これとは別に，$V_{GS} = 0\,\text{V}$でもドレーン電流が流れるFETもあります。このタイプのFETを「ディプレション形」と呼びます。ディプレション形FETでは，図4-1（左）に示す，SiO_2絶縁膜直下の部分にドレーンやソースと同じn形の不純物が拡散されており，ゲートに電圧がかかっていない状態でもチャネルが形成されているのです。このタイプの素子の特性を図4-2（b）に示します。図のように，負のしきい電圧V_T以上のゲート電圧のときに，ドレーン電流I_Dが2次関数状に増加する特性となっています。

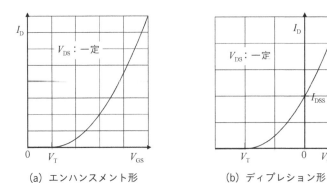

(a)　エンハンスメント形　　　　　(b)　ディプレション形

図4-2　FETの$I_D - V_{GS}$特性

　このようなわけでMOS-FETはnpn構成とpnp構成で2種類に，エンハンスメント形とディプレション形で2種類に分かれており。合計4種類の素子があります。図4-3にこれら4種類のMOS-FETの図記号を示します。これらのうち本章ではnチャネルの素子（nMOS-FET）を中心に設計，シミュレーションを行います。

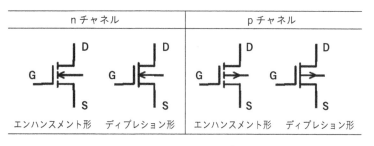

nチャネル		pチャネル	

図4-3　MOS-FETの図記号

▶ nMOS-FETの電圧電流特性

図4-2の$I_D - V_{GS}$特性はエンハンスメント形（$V_T \geq 0$ V），ディプレション形（$V_T < 0$ V）をまとめて以下の式で記述できます。

$$I_D = K(V_{GS} - V_T)^2 \qquad (V_{GS} > V_T) \qquad (4.1)$$
$$I_D = 0 \qquad (V_{GS} \leq V_T) \qquad (4.2)$$

ここで，（4.1）式のKはFETのゲートの寸法や半導体の不純物濃度などで決まる定数です。この式でわかるように，MOS-FETはゲート－ソース間の電圧V_{GS}でドレーン電流を制御する素子です。

■ シミュレーション実習（nMOS-FETの基本特性）

エンハンスメント形MOS-FETとして「2N7000」の基本特性（$I_D - V_{GS}$特性，$I_D - V_{DS}$特性）をLTspiceでシミュレーションしてみます。その回路図を図4-4に示します。ON Semiconductor社のWebサイトより入手した「2N7000」の等価回路モデル「2N7000.REV0.LIB」をダウンロードし，「2N7000.REV0.txt」と拡張子を変更して，自分のLTspiceの作業フォルダに配置します。詳細は1.3節を参照してください。MOS-FETを回路図に組み込む手順は以下の通りです。

- ツールバーの「Component」ボタンをクリック。
- 部品リストより「nmos」を選んでOKボタンを押して回路図上に配置します[2]。
- MOSFETの部品シンボルを[Ctrl]を押しながら右クリックして「Component Attribute Editor」を開き，Value欄の「NMOS」を「2n7000」に変更，またPrefix欄の「MN」を「X」に変更してOKボタンを押します[3]（図4-4（右））。
- ツールバーの「.op」ボタンをクリックし，「.lib 2N7000.REV0.txt」とモデルファイル名を書いた「.lib」ディレクティブを書き，OKボタンを押して，回路図の空白部に

2　部品リストに「nmos4」がありますが，これは「バックゲート」という端子を含む4端子のシンボルです。「nmos4」ではMOS-FETのゲート長やゲート幅などのパラメータ設定などもできます。本書ではMOS-FETのSPICEモデルを3端子のものに限定し，「nmos」を使って説明を行います。

3　ファイル「2N7000.REV0.txt」の冒頭に，「.SUBCKT 2n7000 1 2 3」とサブサーキット（等価回路モデル）モデル名と端子番号が定義されています。ただし端子番号「1 2 3」は実際の部品のピン番号とは関係なく3端子モデルであることを示しています。「Component Attribute Editor」で設定する「Prefix = X」は，デバイスモデルがサブサーキットで記述されていることを示すものです（堀米2013, p.70参照）。

配置します。

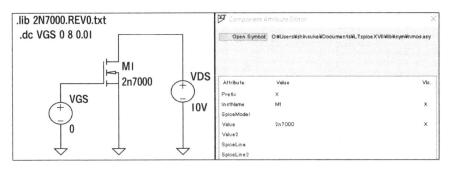

図4-4　nMOS-FET（2N7000）の基本特性測定回路1（左）と
Component Attribute Editor の設定画面（右）（Ex4_1）

　回路図が完成したら，まず$I_D - V_{GS}$特性を以下の手順でシミュレートします。シミュレーションの前に，「2N7000」のデータシートにある各種電気特性のグラフなどを見て印加できる電圧，電流の上限（絶対最大定格：Absolute Maximum Ratings），各種特性グラフ等を参考にしてください。回路を設計する場合には，故障しないことが大前提となります。そのため，部品に加わる電圧や電流，電力などが「絶対最大定格」を超えないようにしなければなりません。絶対最大定格とは，部品の使用時に超えてはならない限界値を素子メーカが定めたものです。この値を超えると，シミュレーションは実行できても部品の劣化や破壊に至ることがあるので注意が必要です。

- 回路図空白部で右クリックして「Edit Simulation Cmd.」を選んで「DC sweep」タブを開きます。図4-5のようにDCスイープの条件を設定し，OKボタンを押して回路図に「dc」ディレクティブを貼り付けます。
- ツールバーの「Run」ボタンを押してシミュレーションを開始し，電流プローブを「2n7000」のドレーン端子に置きます。

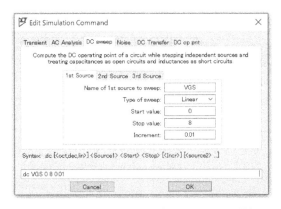

図4-5　DC Sweepの設定（I_D-V_{GS}特性の計算）

得られた$I_D - V_{GS}$特性を図4-8（a）に示します。

　続いて，回路図を図4-6のように変更して$I_D - V_{DS}$特性を計算します。主な手順は次のとおりです。

- 電源「VGS」の値を右クリックして「{Vgs}」に変えてパラメータ化します。
- 「.op」ボタンを押すと，「Edit Text on the Schematic」フォームが開くので，文字入力欄で右クリックします。その後表示される，「Help me Edit」から「.step Command」を選ぶと，「.step Statement Editor」が開きます。
- 図4-7のように，パラメータ名（Vgs）と，スイープ条件を入力してOKボタンを押し，回路図の空白部に貼り付けます。
- 「.dc」ディレクティブを図4-6のように変更します。
- ツールバーの「Run」ボタンを押してシミュレーションを開始し，電流プローブを「2n7000」のドレーン端子に置きます。

得られた$I_D - V_{DS}$特性を図4-8（b）に示します。

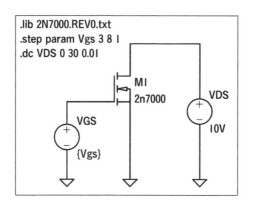

図4-6　nMOS-FET（2N7000）の基本特性測定回路2（Ex4_2）

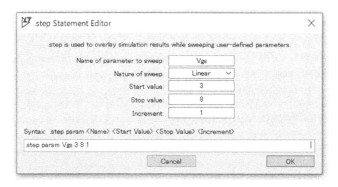

図4-7　パラメータ・スイープの設定

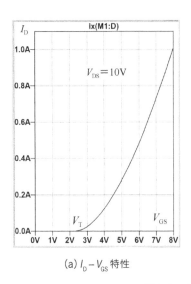

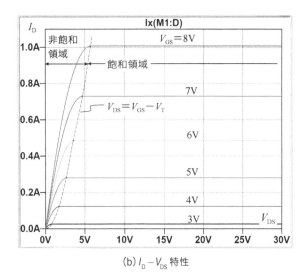

(a) $I_\mathrm{D} - V_\mathrm{GS}$ 特性　　　　　　　　　(b) $I_\mathrm{D} - V_\mathrm{DS}$ 特性

図4-8　nMOS-FET（2N7000）の基本特性

　図4-8（a）は，$V_\mathrm{DS}=10\,\mathrm{V}$ と一定の状態でソースを基準にしたゲート電圧 V_GS を変化させた場合のドレーン電流 I_D の変化を示しています。「2N7000」はエンハンスメント形で，正の電圧 $V_\mathrm{T}{\approx}2.4\,\mathrm{V}$ 付近から，（4.1)式のように2次関数状に電流が増加していく様子がわかります。これに対して，図4-8（b）はソースを基準にしたドレーン電圧 V_DS を0～30 Vの間で変化させたときの，ドレーン電流 I_D の変化です。各曲線はパラメータとしてゲート電圧 V_GS を3～8 Vの間で1 Vずつ増加させています[4]。各 V_GS の曲線ともに横軸 V_DS のある値[5]を超えるとドレーン電流の変化がなくなるのがわかります。このように，I_D の変化のない領域を「飽和領域」といいます。飽和領域は，ゲート電圧 V_GS に対して I_D を2次関数的に制御できる領域で，増幅回路で使用します。第3章で説明した，トランジスタの $I_\mathrm{C} - V_\mathrm{CE}$ 特性（図3-16）において，V_CE の大きい領域で，ベース電流 I_B を µA オーダで変化させるとコレクタ電流 I_C が mA オーダで変化する現象を増幅に使いました。これに対して，MOS-FETでは，ゲート電圧でドレーン電流が変化する現象を増幅に利用するのです。また図4-8（b）において，I_D が飽和する点よりも小さな V_DS の部分を「非飽和領域」，もしくは「線形領域」と呼びます。この領域では V_DS の増加に比例して I_D が増加します。つまりFETのD-S間が抵抗のように機能する領域です。図からわかるように，V_GS の増加にともなって $I_\mathrm{D} - V_\mathrm{DS}$ 曲線の傾きが大きくなるので，抵抗値が減少します。MOS-FETの非飽和領域は，ゲート電圧により抵抗値の変わる素子として利用されます。

....

4　色分けして描画されたトレースのパラメータ値を知る方法：グラフペイン上で右クリック ⇒ View ⇒「Step Legend」を選択すると，パラメータ変数のリストが表示されます。

5　図4-8（b）に示したように，$V_\mathrm{DS}{>}V_\mathrm{GS}-V_\mathrm{T}$ の領域が飽和領域です。この領域では $(V_\mathrm{GS}-V_\mathrm{T})^2$ に比例してドレーン電流が増加します。

4.2……ソース接地回路

ここでは，MOS-FETの増幅回路として最もよく使われるソース接地回路について説明します。

基本増幅回路とバイアス点の設定

MOS-FETは図4-9のようにゲートとドレーンにそれぞれ直流電圧 V_{GG}，V_{DD}をかけて使用します。さらにゲート側には V_{GG} に直列に信号電圧 v_1 を加えます。このような構成により，ゲート－ソース間の電圧 v_{GS} が信号電圧により変化し，ドレーン電流 i_D が制御されます。先に示した（4.1）式，（4.2）式を交流信号に拡張して示すと，

$$i_D = K(v_{GS} - V_T)^2 \qquad (v_{GS} - V_T > 0) \qquad (4.3)$$

$$i_D = 0 \qquad (v_{GS} - V_T \leq 0) \qquad (4.4)$$

と表せます。ただし v_{GS} は信号成分 v_1 を含むゲート電圧で，次式のとおりです。

$$v_{GS} = v_1 + V_{GG} \qquad (4.5)$$

直流電圧 V_{GG}，V_{DD} の値は増幅回路設計上非常に大事なので，これらの電圧の設定の方法について説明します。先に図4-8（b）に関係して述べたように，MOS-FETの飽和領域ではFETの特性はドレーン－ソース間電圧 V_{DS} に依存しないので，V_{DD} は適当に大きな正の電圧に設定しておきます。

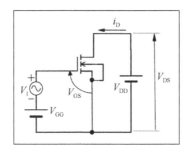

図4-9　MOS-FETのゲートに信号を入力する回路

図4-10に V_{GG} を適当な電圧 V_{GSQ} に設定し，（4.3）式の条件，$v_{GS} - V_T = (v_1 + V_{GSQ}) - V_T > 0$，すなわち

$$v_1 + V_{GSQ} > V_T \qquad (4.6)$$

となるようにすると，常に信号電流 i_D が流れる状態にできます。（4.6）式を満たさない極端な例として図4-10において，$V_{GSQ} = 0\,\mathrm{V}$ とした状態を考えてみてください。交流電圧 v_1 の振幅が十分大きく，電圧 v_{GS} の最大点がしきい電圧 V_T を超えるまではドレーン電流 i_D が流れないことになり不都合だ，ということがわかります。つまり交流入力信号の一部しかドレーン電流に変換されないというわけです。ここで，図4-10の電圧，電流の変化分だけに着目すると，v_{GS} は V_{GSQ} を中心に変化し，i_D は I_{DQ} を中心に変化します。これらの中心

値，すなわち図4-10のQ点は入力信号v_1がないときの電圧，電流値です。この電圧，電流値をバイアスと呼びます。図4-10の場合，バイアスは，$V_{GSQ} \approx 5$ V，$I_{DQ} \approx 0.28$ A と読み取れます。

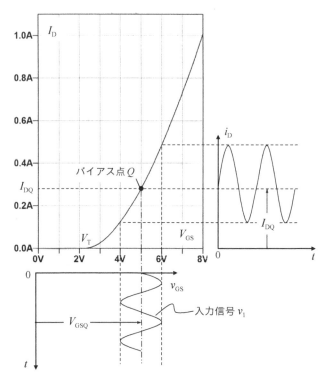

図4-10　バイアス点Qと入力信号，出力信号の関係

微小信号入力に対する線形近似

　図4-11にソースを入出力信号の共通端子とした，「ソース接地」基本増幅回路を示します。図4-9は，V_{GG}，V_{DD}を用いた2電源式ですが，この回路は，ゲートのバイアス電圧をV_{DD}から抵抗R_1，R_2で作る，1電源式になっています。また，交流信号v_1はキャパシタC_1を通じてゲートに加えます。またドレーン端子と電源V_{DD}の間に抵抗R_Lを配置することで，ドレーン電流i_Dの変化を電圧v_{DS}の変化に変換し，キャパシタC_2で直流バイアス成分を除去して交流信号電圧v_2を出力する構成となっています。この構成は，エミッタ接地回路（図3-23）において，バイパスキャパシタC_Eを短絡した構成と同じなので理解しやすいと思います。MOS-FETを使った増幅回路では「MOS-FETの微小信号等価回路」を使った計算により設計するのが便利なので，順次説明します。

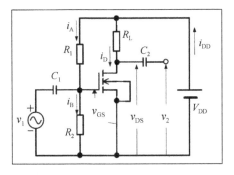

図4-11　ソース接地基本増幅回路

すでに（4.3)式で述べた通り，MOS-FETのドレーン電流は

$$i_\mathrm{D} = K(v_\mathrm{GS} - V_\mathrm{T})^2 \tag{4.7}$$

また，MOS-FETのゲート－ソース間電圧v_GSは，バイアス電圧をV_GSQとして，

$$v_\mathrm{GS} = V_\mathrm{GSQ} + v_1 \tag{4.8}$$

となります。（4.8)式を（4.7)式に代入すると，

$$\begin{aligned}
i_\mathrm{D} &= K(V_\mathrm{GSQ} + v_1 - V_\mathrm{T})^2 = K(V_\mathrm{GSQ} - V_\mathrm{T} + v_1)^2 \\
&= K(V_\mathrm{GSQ} - V_\mathrm{T})^2 + 2K(V_\mathrm{GSQ} - V_\mathrm{T})v_1 + Kv_1^2
\end{aligned} \tag{4.9}$$

が得られます。ここで，入力信号の振幅が十分小さく，

$$v_1 \ll V_\mathrm{GSQ} - V_\mathrm{T} \tag{4.10}$$

と仮定すると，（4.9)式は次のように近似できます。

$$\begin{aligned}
i_\mathrm{D} &\approx K(V_\mathrm{GSQ} - V_\mathrm{T})^2 + 2K(V_\mathrm{GSQ} - V_\mathrm{T})v_1 \\
&= I_\mathrm{DQ} + g_\mathrm{m}v_1
\end{aligned} \tag{4.11}$$

ただし，

$$g_\mathrm{m} = 2K(V_\mathrm{GSQ} - V_\mathrm{T}) \tag{4.12}$$

です。ここでI_DQは，図4-10に示すドレーンのバイアス電流です。（4.12)式のg_mは電圧変化を電流変化に変換する係数で，相互コンダクタンスと呼びます。g_mの単位はS（ジーメンス）です。いま，入力信号電圧を，

$$v_1 = V_1 \sin \omega t \tag{4.13}$$

として，ドレーン電流の変化をバイアス電流I_DQの近傍で示すと図4-12のようになります。ドレーン電流は入力信号電圧に応じて実線で示される2乗特性上を変化しますが，微小信号と仮定した場合，（4.11)式でわかるようにバイアス点Qの近傍で1乗で変化します。これは，図4-12のように，図の点線A-B上で変化すると近似することに相当します。この場合の直線A-Bの傾きがg_mです。

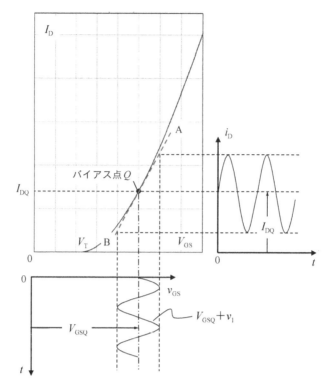

図4-12　I_D–V_{GS}特性の直線近似

すなわち，g_mはMOS-FETの電圧－電流特性（4-1）式をV_{GS}で微分して，

$$g_m \equiv \frac{dI_D}{dV_{GS}} = 2K(V_{GS} - V_T) \tag{4.14}$$

と定義できます。この式が（4.12）式のg_mと等しくなります。このように，微小信号を仮定した場合のMOS-FETの入出力特性は直線で近似できるので，このような近似を「**線形近似**」といいます。

　図4-11のドレーン電圧v_{DS}は，電源電圧V_{DD}から抵抗R_Lの電圧降下を引くことで，

$$v_{DS} = V_{DD} - R_L i_D \approx V_{DD} - R_L(I_{DQ} + g_m v_1)$$
$$= V_{DSQ} - g_m R_L v_1 \tag{4.15}$$

となります。ここで，V_{DSQ}はドレーン－ソース間のバイアス電圧であり，（4.16）式で与えます。

$$V_{DSQ} = V_{DD} - R_L I_{DQ} \tag{4.16}$$

図4-11の回路では，キャパシタC_2で直流バイアス成分を除去して出力信号電圧v_2を取り出すので，（4.15）式より

$$v_2 = -g_m R_L v_1 \tag{4.17}$$

となり，電圧増幅度は，

$$A_{\mathrm{v}} = \frac{v_2}{v_1} = -g_m R_{\mathrm{L}} \tag{4.18}$$

となります。すなわち電圧増幅度は，g_{m} と R_{L} より計算できます。(4.18)式の右辺に負号がついているのは，入力電圧と出力電圧の位相が反転していることを示しています。

▷ バイアスの計算

(4.14)式から，相互コンダクタンス g_{m} は，MOS-FETのバイアス電圧 V_{GSQ} で決まりますから，まずバイアスを決めることが大事です。図4-11の回路からキャパシタを解放除去した回路（図4-13）を用いて各部のバイアスを求めます。

まず，MOS-FETではゲートに電流が流れないので，

$$I_{\mathrm{A}} = \frac{V_{\mathrm{DD}}}{R_1 + R_2} \tag{4.19}$$

となります。よって，V_{GSQ} は，

$$V_{\mathrm{GSQ}} = R_2 I_{\mathrm{A}} = \frac{R_2}{R_1 + R_2} V_{\mathrm{DD}} \tag{4.20}$$

と求まります。V_{GSQ} と I_{DQ} の関係は（4.1）式で計算できますが，実際のMOS-FETの特性は使用する部品によって変わるので，具体的な数値は半導体メーカのデータシートに掲載されている $I_{\mathrm{D}} - V_{\mathrm{GS}}$ グラフから読み取るか，もしくは（4.1）式の定数 K や V_{T} に相当する数値を調べて計算するかにより決める必要があります。以上の方法で求めた I_{DQ} を使って，ドレーン‐ソース間のバイアス電圧 V_{DSQ} が，

$$V_{\mathrm{DSQ}} = V_{\mathrm{DD}} - R_{\mathrm{L}} I_{\mathrm{DQ}} \tag{4.21}$$

と求まり，バイアス計算が終了します。

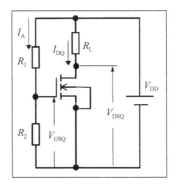

図4-13　直流回路

▷ 微小信号等価回路

図4-11と（4.17）式より，MOS-FETはゲート‐ソース間に加えられた信号電圧 $v_{\mathrm{gs}} = v_1$ に比例した信号電流 $g_{\mathrm{m}} v_{\mathrm{gs}}$ をドレーンに流す働きをすることがわかります。この働きを図4-14の記号で表します。これは，G-S間の電圧 v_{gs} に比例した電流 $g_{\mathrm{m}} v_{\mathrm{gs}}$ をD-S間に矢印

の方向に流すという記号です。MOS-FETのゲートには電流が流れないので，記号のG端子の電流i_gはゼロです[6]。またD-S間は電流源で表されており，その電流がG-S間の微小交流電圧で制御されているという意味です。このような記号を**電圧制御電流源**と呼びます。図4-14の記号をMOS-FETの**微小信号等価回路**（または**交流等価回路**）といいます。

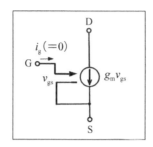

図4-14　MOS-FETの微小信号等価回路（電圧制御電流源）

この微小信号等価回路を用いて図4-11のソース接地基本増幅回路を書き直した回路が図4-15です。ただし結合キャパシタC_1，C_2は短絡し，直流電源V_{DD}も交流に対しては作用しないので短絡し，この状態でR_1，R_2が互いに並列接続されています。図4-15を図4-11の微小信号等価回路（または交流等価回路）といいます。

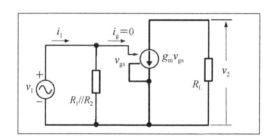

図4-15　ソース接地回路の微小信号等価回路

▶ 交流解析

● 入力インピーダンス：図4-15を使って入力インピーダンスを求めます。MOS-FETのゲートには電流が流れないので，入力端子の電圧と電流は，

$$v_1 = (R_1 // R_2)\, i_1 \tag{4.22}$$

となります。したがって入力インピーダンスZ_{in}は，

$$Z_{in} = \frac{v_1}{i_1} = R_1 // R_2 \tag{4.23}$$

となります。

6　G端子の矢印先端が電流源の○印から離れて描かれていることに注意。

● 電圧増幅度：図4-15を用いて出力電圧，電圧増幅度を求めます。抵抗R_Lには電流$g_m v_{gs}$が下から上に向かって流れるので，$g_m v_{gs} \times R_L$という電圧がv_2の向き（矢印側が正）と逆に生じます。そのため，出力電圧に負号をつけて，

$$v_2 = -g_m v_{gs} R_L \tag{4.24}$$

$$v_{gs} = v_1 \tag{4.25}$$

となります。これらの式からv_{gs}を消去すると電圧増幅度は，

$$A_v = \frac{v_2}{v_1} = -g_m R_L \tag{4.26}$$

となり，(4.18)式の結果と一致します。

このように，微小信号等価回路を使うと信号成分だけを求めることができます。こうして求めた信号成分と図4-13を使って求めたバイアス成分を加算すると，実際の回路における電圧，電流が求まります。

相互コンダクタンスg_mは，MOS-FETの$I_D - V_{GS}$特性におけるバイアス点での接線の傾きです。その値は半導体メーカのデータシートに記載されている数値を使用するか，$I_D - V_{GS}$グラフから読み取る必要があります。半導体メーカが使用するMOS-FETのデバイス・モデルを提供している場合には，図4-4の測定回路をLTspiceに入力してバイアス点を挟む近傍2点の読み取り値の差分から，(4.27)式で近似的に求めるのが便利です。

$$g_m \approx \frac{\Delta I_D}{\Delta V_{GS}} \tag{4.27}$$

■ シミュレーション実習（ソース接地回路）

ここでは，LTspiceを使ってソース接地回路の設計を具体的に行う事例を紹介します。設定すべきパラメータは図4-11に使用されているすべての素子の値です。設計の前提を次のようにします。

● MOS-FET：On Semiconductor社（旧Fairchild Semiconductor社）の「2N7000」を使います。データシートの「Absolute Maximum Ratings」欄のPD（Maximum Power Dissipation）より，ドレーン最大損失（$V_{DS} I_D$の最大値）400 mWに注意します。

● 直流電源：$V_{DD} = 8$ V

● バイアス点の電流：$I_{DQ} = 40$ mAとします。

● $V_{DSQ} \approx V_{RLQ}$とします。

● 入力インピーダンス：100 kΩとします。

● 低域遮断周波数：20 Hzとします。

(1) V_{GSQ}, g_mの決定

図4-4の測定回路により，$I_D - V_{GS}$特性をプロットし，十字カーソルにより$I_{DQ} = 40$ mAの点での読み取りを行うと，$V_{GSQ} = 3.21$ Vとなります。また，2本の十字カーソルでI_Dが30 mAから50 mAに微小変化するときのV_{GS}の変化を十字カーソルで読み取って，$I_{DQ} = 40$ mA近傍のg_mが次のように決まります（図4-16）。

$$g_m \approx \frac{\Delta I_D}{\Delta V_{GS}} = \frac{50.00 - 30.04\,[\mathrm{mA}]}{3.327 - 3.072\,[\mathrm{V}]} \approx 78.3\ \mathrm{mS} \tag{4.28}$$

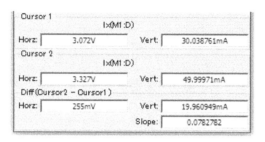

図4-16 I_D–V_{GS}特性によるg_mの決定

(2) R_1, R_2の決定

ゲートバイアス電圧 $V_{GSQ} = 3.21$ V を与える R_1, R_2 を求めます。(4.20)式を逆に解いて，

$$\frac{R_2}{R_1 + R_2} = \frac{V_{GSQ}}{V_{DD}} = \frac{3.21}{8} \approx 0.40 \tag{4.29}$$

となります。また入力インピーダンスを$100\,\mathrm{k\Omega}$とする条件を使って，(4.23)式より，

$$Z_{in} = \frac{R_1 R_2}{R_1 + R_2} = 100\ \mathrm{k\Omega} \tag{4.30}$$

(4.29)式，(4.30)式を連立させて解くと，$R_1 = 250\,\mathrm{k\Omega}$，$R_2 = 167\,\mathrm{k\Omega}$ となります。

(3) 負荷線の描画

図4-17の回路図で，パラメータ・スイープ，DCスイープを行い，I_D–V_{DS}グラフを作成します。次に，先に描いたI_D–V_{GS}グラフと合わせてバイアス点Qを与える負荷線を描きます（図4-18）。図の負荷線は，

$$V_{DS} = V_{DD} - R_L I_D \tag{4.31}$$

より，

$$I_D = V_{DD}/R_L - V_{DS}/R_L \tag{4.32}$$

で与えられ，傾き$-1/R_L$の直線となります。(4.32)式より，横軸との交点はV_{DD}，縦軸との交点はV_{DD}/R_Lとなることがわかります。この図から，

$$R_L = V_{DD}/I_D = 8\ \mathrm{V}/80\ \mathrm{mA} = 100\ \Omega \tag{4.33}$$

となります。以上で抵抗値がすべて決まりました。

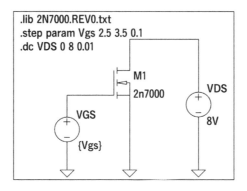

図4-17　I_D–V_{DS}特性描画用の回路図（Ex4_3）

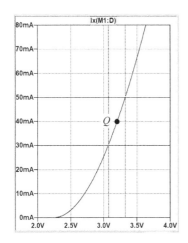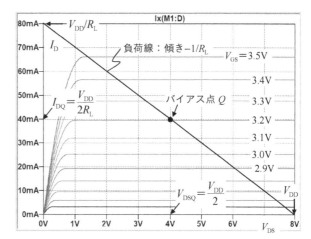

図4-18　2N7000の直流特性とバイアス点，負荷線

（4）結合キャパシタの決定

図4-19は入力側結合キャパシタC_1を求める等価回路です。ここでMOS-FETの入力イン
ピーダンスは無限大として開放除去しています。この図において，v_{gs}が中域から3 dB低
下する周波数がf_{C1} = 20 Hzとなる条件を求めます。図において，

$$v_{gs} = \frac{R_1//R_2}{R_1//R_2 + \dfrac{1}{j\omega C_1}} v_1 = \frac{1}{1 + \dfrac{1}{j\omega C_1 (R_1//R_2)}} v_1$$

となります。したがって，

$$\omega C_1 (R_1//R_2) = 1 \quad \Rightarrow \quad 2\pi f_{C1} C_1 (R_1//R_2) = 1 \quad より，$$

$$C_1 = \frac{1}{2\pi f_{C1} (R_1//R_2)} \tag{4.34}$$

となります。ここで，$R_1//R_2$ = 100 kΩなので，

$$C_1 = \frac{1}{2 \times 3.14 \times 20 \times 10^5} = \frac{10^{-6}}{2 \times 3.14 \times 2} \approx 8.0 \times 10^{-8} = 0.08\,\mu\text{F} \tag{4.35}$$

と求まります。

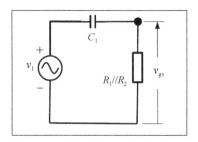

図4-19　入力側結合回路

図4-20は出力側結合キャパシタC_2を求める等価回路です。図において，R_iは次段の入力インピーダンスであり，エミッタ接地の場合と同じく，$R_\text{i} = 1\,\text{k}\Omega$として考えます。

$$i_1 = g_\text{m} v_\text{gs} \frac{R_\text{L}}{R_\text{L} + \left(R_\text{i} + \dfrac{1}{j\omega C_2}\right)} \tag{4.36}$$

を用いてv_2を求めると，

$$\begin{aligned}
v_2 &= -R_i i_1 = -g_\text{m} v_\text{gs} \frac{R_\text{L} R_\text{i}}{R_\text{L} + \left(R_\text{i} + \dfrac{1}{j\omega C_2}\right)} = -g_\text{m} v_\text{gs} \frac{R_\text{L} R_\text{i}}{R_\text{L} + R_\text{i} + \dfrac{1}{j\omega C_2}} \\[2mm]
&= -g_\text{m} v_\text{gs} \frac{\dfrac{R_\text{L} R_\text{i}}{R_\text{L} + R_\text{i}}}{1 + \dfrac{1}{j\omega C_2 (R_\text{L} + R_\text{i})}} \\[2mm]
&= -g_\text{m} v_\text{gs} (R_\text{L}/\!/R_\text{i}) \cdot \frac{1}{1 + \dfrac{1}{j\omega C_2 (R_\text{L} + R_\text{i})}} \tag{4.37}
\end{aligned}$$

となります。したがって，（4.37）式より次段の入力インピーダンスを考慮すると，中域の増幅度が，$A_\text{v} = -g_\text{m} R_\text{L}$から，$A_\text{v} = -g_\text{m}(R_\text{L}/\!/R_\text{i})$と並列インピーダンスを負荷抵抗として考える値に小さくなることがわかります。増幅度がこれから3 dB低下する周波数を$f_{C2} = 20\,\text{Hz}$として求めると，

$$\omega C_2 (R_\text{L} + R_\text{i}) = 1 \quad \Rightarrow \quad 2\pi f_{C2} C_2 (R_\text{L} + R_\text{i}) = 1 \quad \text{より，}$$

$$C_2 = \frac{1}{2\pi f_{C2}(R_\text{L} + R_\text{i})} \tag{4.38}$$

となります。（4.38）式に数値を代入すると，

$$C_2 = \frac{1}{2 \times 3.14 \times 20 \times (10^2 + 10^3)} = \frac{10^{-4}}{2 \times 3.14 \times 2 \times 1.1} \approx 7.2 \times 10^{-6} = 7.2\,\mu\text{F} \quad (4.39)$$

これで，結合キャパシタ C_1，C_2 の容量が決まりましたが，余裕をみて双方とも $10\,\mu\text{F}$ とします。

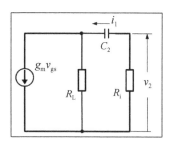

図4-20　出力側結合回路

▨ LTspiceによるバイアス設定確認

図4-21に「.op」ディレクティブを用いた動作点解析の結果を示します。図より，設計値 $I_{\text{DQ}} = 40\,\text{mA}$，$V_{\text{GSQ}} = 3.21\,\text{V}$，$V_{\text{DSQ}} = 4.0\,\text{V}$ をほぼ実現できていることがわかります。また，R_1，R_2 を流れる電流は等しく $19.2\,\mu\text{A}$ でゲートには電流が流れ込んでいないことも確認できます。次に無信号時のドレーン損失を計算します。ドレーン損失 P_{D} は，FETのドレーン−ソース間で消費される電力です。この電力はすべて熱となり，FETの温度を上昇させるので，FETを壊さないために絶対最大定格を守る必要があります。

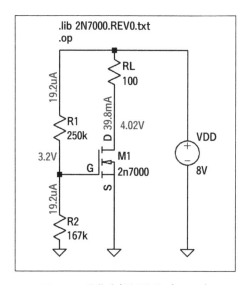

図4-21　動作点解析結果（Ex4_4）

図4-21の動作点解析結果より,

$$P_D = V_{DQ}I_{DQ} = 4.02\ \text{V} \times 39.8\ \text{mA} \approx 160\ \text{mW}$$

となり, P_Dの絶対最大定格値400 mWより十分小さくなっていることが確認できます。

LTspiceによる交流増幅特性解析

次に図4-22の回路で交流特性をシミュレーションします。出力側結合キャパシタには, $R_i = 1\ \text{k}\Omega$を接続しています。また回路図左上にはAC解析, および過渡解析用に「.ac」ディレクティブ,「.tran」ディレクティブを配置しており, この図では「.ac」ディレクティブを有効にしています。

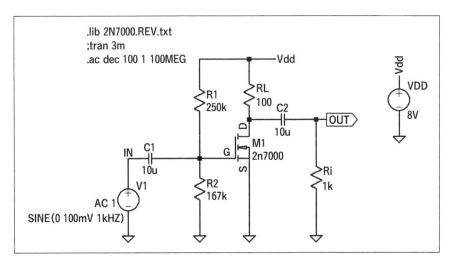

図4-22　ソース接地増幅回路（Ex4_5）

AC解析の結果

図4-23にシミュレーション結果を示します。十字カーソルを2本表示させて中域利得と低域遮断周波数を示す測定値ウインドウを合わせて示しています。100 Hz以上の周波数では利得は約17.1 dBと一定です。(4.37)式関係の説明にあるように, 増幅度および利得の設計値は,(4.28)式のg_mを用いて,

$$A_v = -g_m(R_L//R_i) = -78.3\ \text{mS} \times (0.1\ \text{k}\Omega//1\ \text{k}\Omega)$$

$$= -78.3\ \text{mS} \times 0.091\ \text{k}\Omega \approx -7.1 \tag{4.40}$$

$$20\log(|A_v|) = 20\log(7.1) \approx 17.0\ \text{dB} \tag{4.41}$$

なので, ほぼ設計値通りの結果といえます。

また, 低域遮断周波数は14.5 Hzであり, 目標20 Hzとして設計したC_1, C_2に余裕をもたせて大きな容量とした結果が出ています。さらに, 高域遮断周波数は20 MHz以上と読み取れます。MOS-FETの高域遮断周波数に影響するのは, ゲート−ドレイン間の容量C_{gd}の影響が大きいとされています。ただし, ここの計算結果には回路実装時の配線の分布容量などの効果が入っていないので, この点は実験による確認が必要です。

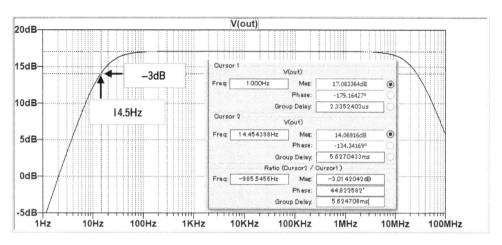

図4-23　ソース接地増幅回路のAC解析の結果

過渡解析の結果

図4-24にシミュレーション結果を示します。入力信号は，図4-22のV1の設定でわかるように，振幅100 mV，1 kHzの正弦波信号としました。電圧プローブを「IN」ラベルと「OUT」ラベルにおいて入出力双方の信号を観測しています。また，2個の十字カーソルで出力信号の最大値，最小値を計測し，図4-24内の測定値ウインドゥに表示しています。図のように200 mV$_{pp}$の入力信号に対して，1.43 V$_{pp}$の逆相電圧が出力されています。電圧増幅度は，$-(1.43/0.2) = -7.15$であり，（4.40）式の設計値とよく一致しています。ただし出力電圧は$+692$ mV，-736 mVと負の電圧振幅が6%程度大きくなっており，非対称な歪がみられます。この原因としては，$I_D - V_{GS}$特性がバイアス点よりも大きなゲート電圧側で傾きが大きくなることを反映していると考えられます。これを避けるには入力信号の振幅を小さくしたり，バイアス点を変更するなどの検討を行う必要があると考えられます。

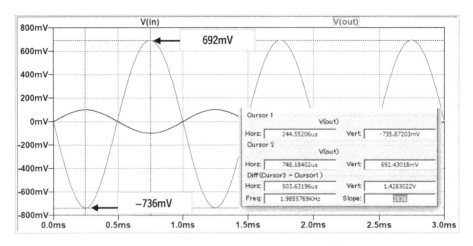

図4-24　ソース接地増幅回路の過渡解析の結果

4.3 ····· 定電流回路

　前節では，エンハンスメント形MOS-FETを増幅回路に使用する例について説明しました。本節ではディプレション形MOS-FETを使った特徴ある回路として，一定の電流を流す回路（定電流回路）を実習を交えて紹介します。使用する部品は「LND150」です。シミュレーションにあたり，Microchip Technolgy社の提供するSPICEモデル[7]をダウンロード[8]して作業フォルダに配置しておいてください。

シミュレーション実習（定電流回路）

▷ $I_D - V_{GS}$ **特性**

まず図4-25の回路でDCスイープを行い，LND150の特性を調べます。

7　図4-25ではLND150の回路記号は，ドレーンとソース間が点線となっており，エンハンスメント形の記号です。これはシンボルとして「nmos」を選んだためです。気になる場合は図4-3を参考にして，ドレーンとソース間が直線で結ばれたディプレション形の回路記号を，LTspiceに内蔵されている「Symbol Editor」を使って自作する必要があります。またLND150のSPICEモデルは，「.subckt」で定義する「等価回路モデル」ではなく，「.model」で定義する「パラメータ・モデル」で記述されています。このため，4.2節で使った2N7000の場合と違って，「Component Attribute Editor」で「Prefix = X」に変更する必要はなく，「nmos」シンボルのデフォルトのまま，「Prefix = MN」としておいてください。

8　https://www.microchip.com/doclisting/TechDoc.aspx?type=Spice

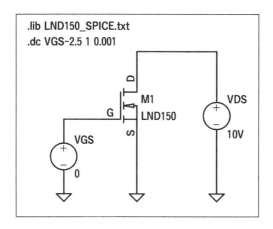

図4-25 I_D-V_{GS}特性の測定回路（Ex4_6）

　図の「.dc」ディレクティブにより，V_{GS}を-2.5 V～1 Vの間でスイープした結果を図4-26に示します。この結果，$V_T \approx -2$ Vのディプレション形であることがわかります。また，$V_{GS} = 0$ Vの時の電流は$I_{DSS} = 2.34$ mAと読み取れます。$I_D - V_{DS}$特性の測定用回路を図4-27に示します。「.step param」ディレクティブにより，パラメータ変数V_{gs}を-1.5 V～1.0 Vまで0.5 V間隔で変化させています。このシミュレーション結果を図4-28に示します。エンハンスメント形の特性と同様に，曲線ごとに，特定のV_{DS}以上ではドレーン電流が一定になっています。これは，図4-8（b）に関連して説明したように，$V_{DS} > V_{GS} - V_T$の条件では，$I_D - V_{DS}$特性は飽和領域となっているということです。この飽和領域の特性より，ゲート電圧V_{GS}を一定値とした場合，V_{DS}を広い範囲で変化させてもドレーン電流が変化しない「定電流回路」が実現できるのです。

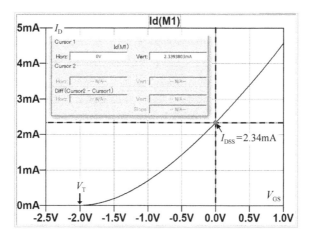

図4-26　I_D-V_{GS}特性のシミュレーション結果

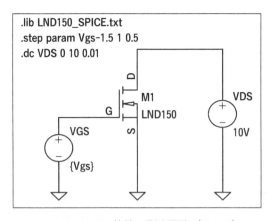

図4-27 I_D–V_DS特性の測定回路（Ex4_7）

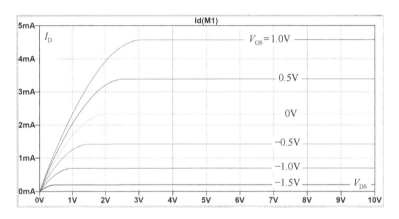

図4-28 I_D–V_DS特性のシミュレーション結果

　「定電流回路」としての特性を確かめるために，最も簡単な$V_\mathrm{GS}=0$Vに設定した回路で特性を測定してみます。回路図を図4-29に示します。図のように，ゲートをグラウンドに接続して$V_\mathrm{GS}=0$Vとしています。また，ドレーンに接続した電源は（4.42）式のように，オフセット電圧5V，振幅2.5V，周波数1kHzの正弦波信号としています。これで図4-29により飽和領域内でv_DSを変化させます。

$$v_\mathrm{DS}=5+2.5\times\sin(2\pi ft)\,[\mathrm{V}] \qquad (f=1\,\mathrm{kHz}) \tag{4.42}$$

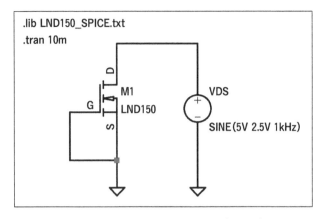

図4-29　$V_{GS} = 0\,V$の定電流回路（Ex4_8）

　図4-30にドレーン電流のシミュレーション結果を示します。左図は縦軸を$0\,mA$～$2.5\,mA$と通常のグラフ表示としたものです。図のように，ドレーン電圧を振幅$2.5\,V$で変化させても，ドレーン電流は$2.3\,mA$の定電流出力であることが確認できます。右図は縦軸を拡大したものです。このように詳細に観測すると，ドレーン電流は$1\,kHz$の正弦波状に変化しており，電流変動幅は$2.34\,mA$を中心に$2.33\,\mu A_{PP}$と読み取れます。この変動幅は，出力電流の直流レベルに対して0.1%未満と大変安定な定電流特性であることがわかります。

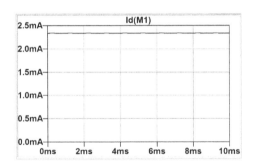
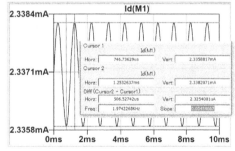

図4-30　ドレーン電流のシミュレーション結果（左：縦軸0-2.5 mA，右：縦軸を拡大）

　以上をもとにして，ゲート電圧をV_{GSQ}にバイアス設定してドレーン電流を制御できる回路を図4-31に示します。これはMOS-FETではゲート電流が流れないので$I_D = I_S$であることを考慮すると，次の関係が成り立ちます。

$$V_{GS} = V_G - V_S = -V_S \tag{4.43}$$

$$V_S = R_1 I_D \tag{4.44}$$

したがって，（4.44）式を（4.43）式に代入すると，

$$V_{GS} = -R_1 I_D \tag{4.45}$$

となります。（4.45）式よりドレーン電流によるR_1の電圧降下で，直接バイアス点V_{GSQ}が

決まることがわかります。このようなバイアス方式を自己バイアスと呼びます。(4.45)式は$I_D - V_{GS}$特性（図4-26）における負荷線を与え，

$$I_D = -\frac{1}{R_1}V_{GS} \tag{4.46}$$

より傾き$-1/R_1$の直線となります。

　この回路において，何らかの原因でI_Dが増加した場合，(4.45)式によりV_{GS}が負の方向に変動します。図4-26を参照すると，V_{GS}が負の方向に変動することでI_Dが減少するため，安定なバイアス点が維持できるという利点があります。

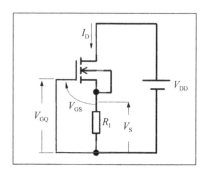

図4-31　自己バイアス式定電流回路

　次に，この回路を使って1 mAの定電流回路を設計します。図4-26を十字カーソルを移動させて詳細に読み取ると，$V_{GS} = -777$ mVにて，$I_D = 1.00$ mAなので，(4.45)式により，

$$R_1 = -V_{GS}/I_D = 777 \text{ mV}/1.00 \text{ mA} = 777 \ \Omega \tag{4.47}$$

となります。

　LTspiceに，この回路を入力して特性をシミュレーションします。図4-32に回路図を示します。先に(4.42)式で示したのと同じく，ドレーン端子に加える電圧V_{DD}は，オフセット電圧5 V，振幅2.5 V，周波数1 kHzの正弦波信号としています。ドレーン電流の過渡解析結果を図4-33に示します。左側の図は電流範囲を0〜1.2 mAとしており，一定のドレーン電流1.0 mAが得られていることがわかります。右側の図は縦軸を拡大したもので，出力電流が周波数1 kHz，振幅799 nA$_{pp}$で変動しています。この変動割合は直流電流1 mAに対してわずか0.08 %と微小なもので，大変安定な定電流回路であることがわかります。

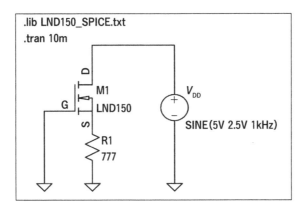

図4-32　$I_D = 1.00$ mAの定電流回路（Ex4_9）

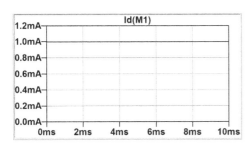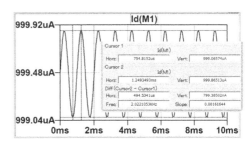

図4-33　ドレーン電流のシミュレーション結果
（左：縦軸0〜1.2 mA，右：縦軸を拡大）

4.4 …… 差動増幅回路

　これまでに説明した増幅回路は，結合キャパシタを用いて交流信号をバイアス点に加え，バイアス点近傍の電圧を微小に変化させて増幅作用を得ていました。差動増幅回路は，交流信号だけでなく，直流信号も含めて安定に増幅できる回路です。差動増幅回路は第5章で述べるOPアンプの基礎となる回路であり，温度変化などの環境変化や外乱ノイズを含んだ信号を処理する場合に，良好な出力信号を得るうえで欠かせません。

差動増幅回路の構成と直流特性

　図4-34にMOS-FETを用いた差動増幅回路を示します。図のM1，M2はディプレション形の素子を使用します。また電流源I_0は，4.3節で説明した定電流回路を使うことを想定しており，これもディプレション形の素子を使います。

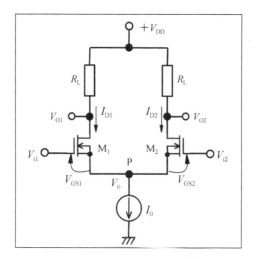

図4-34　MOS-FETを用いた差動増幅回路

　まず差動入力電圧（$\Delta V_i = V_{i1} - V_{i2}$）に対するMOS-FETのドレーン電流$I_{D1}$，$I_{D2}$を求めます。M1，M2のゲート電圧を$V_{i1}$，$V_{i2}$，バイアス電流の和を$I_0$，ソース電圧を$V_0$とすると，各MOS-FETのゲート－ソース電圧は（4.48），（4.49）式で与えられます。

$$V_{GS1} = V_{i1} - V_0 \tag{4.48}$$
$$V_{GS2} = V_{i2} - V_0 \tag{4.49}$$

簡単のため，2個のMOS-FETは等しい電圧－電流特性をもっていると仮定し，（4.1）式の係数K，しきい電圧V_Tが等しいとすると，各々のドレーン電流は（4.50），（4.51）式で与えられます。

$$I_{D1} = K(V_{GS1} - V_T)^2 \tag{4.50}$$
$$I_{D2} = K(V_{GS2} - V_T)^2 \tag{4.51}$$

また，これらドレーン電流の和は，

$$I_0 = I_{D1} + I_{D2} \tag{4.52}$$

となります。

　今，入力信号がゼロの場合，2個のMOS-FETのバイアス電流は等しく$I_0/2$で，このとき，

$$V_{GS1} = V_{GS2} = V_{GSQ} \tag{4.53}$$

なので，（4.50），（4.51）式より，

$$I_{D1Q} = I_{D2Q} = K(V_{GSQ} - V_T)^2 \tag{4.54}$$

となります。これを（4.52）式に代入すると，

$$I_0 = 2K(V_{GSQ} - V_T)^2$$
$$= 2KV_{effQ}^2 \tag{4.55}$$

が得られます。ここでV_{effQ}はバイアス点における「**有効ゲート電圧**」であり，次式で定義します。

$$V_{\text{effQ}} \equiv V_{\text{GSQ}} - V_{\text{T}} \tag{4.56}$$

(4.55)式より V_{effQ} は次式のようになります。

$$V_{\text{effQ}} = \sqrt{\frac{I_0}{2K}} \tag{4.57}$$

また，(4.14)式の相互コンダクタンス g_{m} をバイアス点 V_{GSQ} で計算すると，この点でドレーン電流が $I_{\text{DQ}} = I_0/2$ であり，さらに（4.1）式より $K = I_{\text{DQ}}/V^2_{\text{effQ}}$ なので，

$$g_{\text{m}}\big|_{V_{\text{GS}} = V_{\text{GSQ}}} = 2K(V_{\text{GSQ}} - V_{\text{T}}) = 2KV_{\text{effQ}} = 2 \times \frac{I_{\text{DQ}}}{V^2_{\text{effQ}}} V_{\text{effQ}}$$

$$= \frac{2I_{\text{DQ}}}{V_{\text{effQ}}} = \frac{I_0}{V_{\text{effQ}}} \tag{4.58}$$

となります。(4.48)，(4.50)式と，(4.49)，(4.51)式から V_{GS1}, V_{GS2} を求めることで，

$$V_{\text{GS1}} = V_{\text{i1}} - V_0 = V_{\text{T}} + \sqrt{\frac{I_{\text{D1}}}{K}} \tag{4.59}$$

$$V_{\text{GS2}} = V_{\text{i2}} - V_0 = V_{\text{T}} + \sqrt{\frac{I_{\text{D2}}}{K}} \tag{4.60}$$

が得られます。次に，(4.59)，(4.60)式の各辺の差をとることで，差動入力 $\Delta V_{\text{i}} = V_{\text{i1}} - V_{\text{i2}}$ が次のように求まります。

$$\Delta V_{\text{i}} = V_{\text{i1}} - V_{\text{i2}} = \frac{1}{\sqrt{K}}\left(\sqrt{I_{\text{D1}}} - \sqrt{I_{\text{D2}}}\right) \tag{4.61}$$

次に，この（4.61）式と（4.52）式を連立させて，ドレーン電流 I_{D1}, I_{D2} を求めます。

【I_{D1}の計算】

（4.52）式から $I_{\text{D2}} = I_0 - I_{\text{D1}}$ を（4.61）式に代入して，

$$\Delta V_{\text{i}} = \frac{1}{\sqrt{K}}\left(\sqrt{I_{\text{D1}}} - \sqrt{I_0 - I_{\text{D1}}}\right)$$

$$= \sqrt{\frac{I_0}{K}} \cdot \left(\sqrt{\frac{I_{\text{D1}}}{I_0}} - \sqrt{1 - \frac{I_{\text{D1}}}{I_0}}\right) \tag{4.62}$$

となります。この両辺を2乗して，

$$\Delta V_{\text{i}}^2 = \frac{I_0}{K}\left(\sqrt{\frac{I_{\text{D1}}}{I_0}} - \sqrt{1 - \frac{I_{\text{D1}}}{I_0}}\right)^2 = \frac{I_0}{K}\left[\frac{I_{\text{D1}}}{I_0} + \left(1 - \frac{I_{\text{D1}}}{I_0}\right) - 2\sqrt{\frac{I_{\text{D1}}}{I_0} - \left(\frac{I_{\text{D1}}}{I_0}\right)^2}\right]$$

$$= \frac{I_0}{K}\left[1 - 2\sqrt{\frac{I_{\text{D1}}}{I_0} - \left(\frac{I_{\text{D1}}}{I_0}\right)^2}\right]$$

$$\therefore \quad 2\sqrt{\frac{I_{\text{D1}}}{I_0} - \left(\frac{I_{\text{D1}}}{I_0}\right)^2} = 1 - \frac{K}{I_0}\Delta V_{\text{i}}^2 \tag{4.63}$$

ここで，

$$x_1 = \frac{I_{\text{D1}}}{I_0} \tag{4.64}$$

とおいて，(4.63)式に代入し，解 x_1 を求めると，

$$\sqrt{x_1 - x_1^2} = \frac{1}{2}\left(1 - \frac{K}{I_0}\Delta V_i^2\right) \ \Rightarrow \ x_1 - x_1^2 = \frac{1}{4}\left(1 - \frac{K}{I_0}\Delta V_i^2\right)^2 \ \Rightarrow$$

$$x_1^2 - x_1 + \frac{1}{4}\left(1 - \frac{K}{I_0}\Delta V_i^2\right)^2 = 0 \ \Rightarrow \ x_1 = \frac{1}{2}\left[1 \pm \sqrt{1 - \left(1 - \frac{K}{I_0}\Delta V_i^2\right)^2}\right]$$

となります。これに（4.64）式を代入して，V_{i1} が正のとき，図4-33のM1のドレーン電流が増えるので正号をとると，

$$\frac{I_{D1}}{I_0} = \frac{1}{2}\left[1 + \sqrt{1 - \left(1 - \frac{K}{I_0}\Delta V_i^2\right)^2}\right] \tag{4.65}$$

となります。（4.65）式を（4.57）式の有効ゲート電圧 V_{effQ} を使って整理すると，

$$
\begin{aligned}
I_{D1} &= \frac{I_0}{2}\left[1 + \sqrt{1 - \left(1 - \frac{K}{I_0}\Delta V_i^2\right)^2}\right] = \frac{I_0}{2}\left[1 + \sqrt{1 - \left(1 - \frac{\Delta V_i^2}{2V_{effQ}^2}\right)^2}\right] \\
&= \frac{I_0}{2}\left[1 + \sqrt{1 - \left(1 - \frac{\Delta V_i^2}{V_{effQ}^2} + \left(\frac{\Delta V_i^2}{2V_{effQ}^2}\right)^2\right)}\right] \\
&= \frac{I_0}{2}\left[1 + \sqrt{\frac{\Delta V_i^2}{V_{effQ}^2} - \left(\frac{\Delta V_i^2}{2V_{effQ}^2}\right)^2}\right] = \frac{I_0}{2}\left[1 + \frac{\Delta V_i}{V_{effQ}}\sqrt{1 - \frac{1}{4}\cdot\frac{\Delta V_i^2}{V_{effQ}^2}}\right] \\
&= \frac{I_0}{2}\left[1 + \frac{\Delta V_i}{V_{effQ}}\sqrt{1 - \frac{1}{4}\cdot\left(\frac{\Delta V_i}{V_{effQ}}\right)^2}\right]
\end{aligned}
\tag{4.66}
$$

と，I_{D1} が求まります。よって，

$$\frac{2I_{D1}}{I_0} = 1 + \frac{\Delta V_i}{V_{effQ}}\sqrt{1 - \frac{1}{4}\cdot\left(\frac{\Delta V_i}{V_{effQ}}\right)^2} \tag{4.67}$$

により，差動入力電圧 ΔV_i に対するM1のドレーン電流 I_{D1} の式が入出力の変数を規格化した形で表せます。

【I_{D2} の計算】

（4.52）式から，$I_{D1} = I_0 - I_{D2}$ を（4.61）式に代入して，

$$
\begin{aligned}
\Delta V_i &= \frac{1}{\sqrt{K}}\left(\sqrt{I_0 - I_{D2}} - \sqrt{I_{D2}}\right) \\
&= \sqrt{\frac{I_0}{K}}\cdot\left(\sqrt{1 - \frac{I_{D2}}{I_0}} - \sqrt{\frac{I_{D2}}{I_0}}\right)
\end{aligned}
\tag{4.68}
$$

となります。この両辺を2乗して，

$$\Delta V_{\mathrm{i}}^2 = \frac{I_0}{K}\left(\sqrt{1-\frac{I_{\mathrm{D2}}}{I_0}}-\sqrt{\frac{I_{\mathrm{D2}}}{I_0}}\right)^2 = \frac{I_0}{K}\left[\left(1-\frac{I_{\mathrm{D2}}}{I_0}\right)+\frac{I_{\mathrm{D2}}}{I_0}-2\sqrt{\frac{I_{\mathrm{D2}}}{I_0}-\left(\frac{I_{\mathrm{D2}}}{I_0}\right)^2}\right]$$

$$= \frac{I_0}{K}\left[1-2\sqrt{\frac{I_{\mathrm{D2}}}{I_0}-\left(\frac{I_{\mathrm{D2}}}{I_0}\right)^2}\right]$$

$$\therefore\quad 2\sqrt{\frac{I_{\mathrm{D2}}}{I_0}-\left(\frac{I_{\mathrm{D2}}}{I_0}\right)^2} = 1-\frac{K}{I_0}\Delta V_{\mathrm{i}}^2 \tag{4.69}$$

ここで，

$$x_2 = \frac{I_{\mathrm{D2}}}{I_0} \tag{4.70}$$

とおいて，（4.69）に代入し，解x_2を求めると，

$$\sqrt{x_2-x_2^2} = \frac{1}{2}\left(1-\frac{K}{I_0}\Delta V_{\mathrm{i}}^2\right) \quad\Rightarrow\quad x_2-x_2^2 = \frac{1}{4}\left(1-\frac{K}{I_0}\Delta V_{\mathrm{i}}^2\right)^2 \quad\Rightarrow$$

$$x_2^2-x_2+\frac{1}{4}\left(1-\frac{K}{I_0}\Delta V_{\mathrm{i}}^2\right)^2 = 0 \quad\Rightarrow\quad x_2 = \frac{1}{2}\left[1\pm\sqrt{1-\left(1-\frac{K}{I_0}\Delta V_{\mathrm{i}}^2\right)^2}\right]$$

この式に（4.70）式を代入し，$I_{\mathrm{D1}}+I_{\mathrm{D2}}=I_0$の条件から，（4.65）式との関係で負号をとると，

$$\frac{I_{\mathrm{D2}}}{I_0} = \frac{1}{2}\left[1-\sqrt{1-\left(1-\frac{K}{I_0}\Delta V_{\mathrm{i}}^2\right)^2}\right] \tag{4.71}$$

となります。（4.71）式を（4.57）式の有効ゲート電圧V_{effQ}を使って整理すると，

$$I_{\mathrm{D2}} = \frac{I_0}{2}\left[1-\sqrt{1-\left(1-\frac{K}{I_0}\Delta V_{\mathrm{i}}^2\right)^2}\right] = \frac{I_0}{2}\left[1-\sqrt{1-\left(1-\frac{\Delta V_{\mathrm{i}}^2}{2V_{\mathrm{effQ}}^2}\right)^2}\right]$$

$$= \frac{I_0}{2}\left[1-\sqrt{1-\left(1-\frac{\Delta V_{\mathrm{i}}^2}{V_{\mathrm{effQ}}^2}+\left(\frac{\Delta V_{\mathrm{i}}^2}{2V_{\mathrm{effQ}}^2}\right)^2\right)}\right]$$

$$= \frac{I_0}{2}\left[1-\sqrt{\frac{\Delta V_{\mathrm{i}}^2}{V_{\mathrm{effQ}}^2}-\left(\frac{\Delta V_{\mathrm{i}}^2}{2V_{\mathrm{effQ}}^2}\right)^2}\right] = \frac{I_0}{2}\left[1-\frac{\Delta V_{\mathrm{i}}}{V_{\mathrm{effQ}}}\sqrt{1-\frac{1}{4}\cdot\frac{\Delta V_{\mathrm{i}}^2}{V_{\mathrm{effQ}}^2}}\right]$$

$$= \frac{I_0}{2}\left[1-\frac{\Delta V_{\mathrm{i}}}{V_{\mathrm{effQ}}}\sqrt{1-\frac{1}{4}\cdot\left(\frac{\Delta V_{\mathrm{i}}}{V_{\mathrm{effQ}}}\right)^2}\right] \tag{4.72}$$

と，I_{D2}が求まります。よって，

$$\frac{2I_{\mathrm{D2}}}{I_0} = 1-\frac{\Delta V_{\mathrm{i}}}{V_{\mathrm{effQ}}}\sqrt{1-\frac{1}{4}\cdot\left(\frac{\Delta V_{\mathrm{i}}}{V_{\mathrm{effQ}}}\right)^2} \tag{4.73}$$

により，差動入力電圧ΔV_{i}に対するM2のドレーン電流I_{D2}の式が入出力の変数を規格化した形で表せます。

　（4.67）式と（4.73）式を使って，差動入力電圧ΔV_{i}に対するM1，M2のドレーン電流の変化をプロットすると，図4.35が得られます。

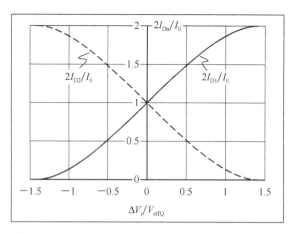

図4-35　差動入力電圧に対するM1，M2のドレーン電流の変化（理論値）
I_{Dn}はMOS-FET（Mn）のドレーン電流，ΔV_iは差動入力電圧。

　図4-35からもわかるとおり，I_{D1}，I_{D2}の変化範囲は$0 \leq I_{D1} \leq I_0$，$0 \leq I_{D2} \leq I_0$です。（4.67）式に関して，$I_{D1} = 0$の解は$\Delta V_i = -\sqrt{2}\,V_{effQ}$となり，$I_{D1} = I_0$の解は$\Delta V_i = \sqrt{2}\,V_{effQ}$，となります。また，（4.73）式に関して，$I_{D2} = I_0$の解は$\Delta V_i = -\sqrt{2}\,V_{effQ}$で，$I_{D2} = 0$の解は$\Delta V_i = \sqrt{2}\,V_{effQ}$，となります。図4-35を見ると，横軸の値が$\pm\sqrt{2}$の点，すなわち，$\Delta V_i = \pm\sqrt{2}\,V_{effQ}$において，M1，M2のドレーン電流が飽和しており，これらのことが確認できます。
　したがって，有効な差動入力電圧の範囲は，

$$|\Delta V_i| < \sqrt{2}V_{effQ} \tag{4.74}$$

となります。今，

$$|\Delta V_i| \ll V_{effQ} \tag{4.75}$$

の条件のもとで（4.66）式を近似すると，

$$I_{D1} = \frac{I_0}{2}\left[1 + \frac{\Delta V_i}{V_{effQ}}\sqrt{1 - \frac{1}{4}\cdot\left(\frac{\Delta V_i}{V_{effQ}}\right)^2}\right] \approx \frac{I_0}{2}\left[1 + \frac{\Delta V_i}{V_{effQ}}\left[1 - \frac{1}{8}\cdot\left(\frac{\Delta V_i}{V_{effQ}}\right)^2\right]\right]$$

$$\approx \frac{I_0}{2}\left[1 + \frac{\Delta V_i}{V_{effQ}}\right] \tag{4.76}$$

同様に（4.72）式の近似式は，

$$I_{D2} \approx \frac{I_0}{2}\left[1 - \frac{\Delta V_i}{V_{effQ}}\right] \tag{4.77}$$

となります。ここで，

$$\Delta I_D \approx \frac{I_0}{2}\frac{\Delta V_i}{V_{effQ}} \tag{4.78}$$

とΔI_Dを定義して，（4.76）式，（4.77）式を簡略表示すると，

$$I_{D1} \approx \frac{I_0}{2} + \Delta I_D \tag{4.79}$$

$$I_{D1} \approx \frac{I_0}{2} - \Delta I_D \tag{4.80}$$

と書けます。つまり，M1のドレーン電流がバイアス電流$I_0/2$からΔI_D増加した分だけ，M2のドレーン電流がバイアス電流$I_0/2$からΔI_D減少するのです。

さらに，差動入力電圧がΔV_iだということは，M1のゲート電圧が$\Delta V_i/2$増加し，M2のゲート電圧が$\Delta V_i/2$減少したとみなせるので，ソース電圧V_0は変化しないと考えられます。これは図4-34のP点が「**仮想接地点**」とみなせるということです。

微小信号等価回路

上記の「仮想接地点」の考え方により，図4-36のように，差動増幅回路の微小信号等価回路は，共通の点Pで接地した2個のソース接地回路で表せます。双方のMOS-FETのバイアス電流は$I_0/2$です。

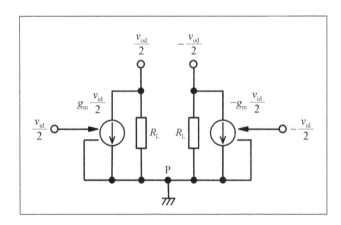

図4-36　差動増幅回路の微小信号等価回路

各MOS-FETのドレーン電流の交流成分i_Dは，差動入力電圧をv_{id}とし，（4.58）式を用いることで，

$$i_D = \pm g_m \frac{v_{id}}{2} = \pm \frac{I_0}{V_{effQ}} \cdot \frac{v_{id}}{2} \tag{4.81}$$

となります。これを用いると差動入力信号に対する相互コンダクタンスg_{md}は，

$$g_{md} = \frac{I_{D1} - I_{D2}}{\Delta V_i}\bigg|_{V_{i1}=V_{i2}} = \frac{2i_D}{v_{id}} = \frac{I_0}{V_{effQ}} \tag{4.82}$$

と求まり，（4.58）式に示すバイアス点Qでの各FETの相互コンダクタンスg_mと一致します。したがって，図4-36における差動出力電圧v_{od}と差動入力電圧v_{id}の比，すなわち差動電圧増幅度A_dは，次式のようになります。

$$A_d \equiv \frac{v_{od}}{v_{id}} = -g_{md}R_L = -g_m R_L = -\frac{I_0 R_L}{V_{effQ}} \tag{4.83}$$

■ シミュレーション実習（差動増幅回路）

　LTspiceでシミュレーションを行うにあたり，バイアス点，および負荷抵抗R_Lの検討を行います。まず4.3節の自己バイアス式定電流回路（図4-32）を使用することとし，$I_0 = 1\,\mathrm{mA}$なので，M1，M1のバイアス電流は$I_{DQ} = 0.5\,\mathrm{mA}$となります。MOS-FETとしては，定電流回路と同じく，ディプレション形の「LND150」を使用します。

■ 相互コンダクタンス

　このバイアス点での相互コンダクタンスを求めます。図4-37に2通りの方法で求めるための$I_D - V_{GS}$特性図を示します。

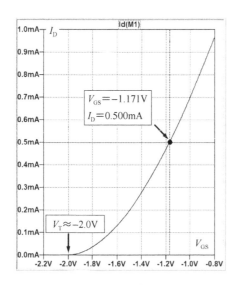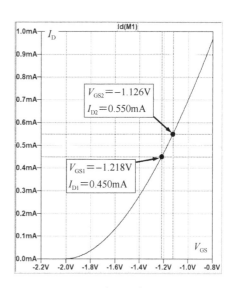

図4-37　相互コンダクタンス計測用のI_D–V_{GS}グラフ（Ex4_6）

- 方法1（図4-37左）：十字カーソルを使うと，$I_D = 0.500\,\mathrm{mA}$において，$V_{GS} = -1.171\,\mathrm{V}$と読み取れます。また，しきい電圧は，$V_T \approx -2.0\,\mathrm{V}$と読み取れます。したがって，(4.58)式より，

$$g_m\big|_{V_{GS}=V_{GSQ}} = \frac{2I_{DQ}}{V_{effQ}} = \frac{2I_{DQ}}{V_{GSQ}-V_T} \approx \frac{2\times0.500\,\mathrm{mA}}{-1.171+2.0} \approx 1.2\,\mathrm{mS} \tag{4.84}$$

となります。

- 方法2（図4-37右）：2個の十字カーソルを使って，$I_{D1} = 0.450\,\mathrm{mA}$と$I_{D2} = 0.550\,\mathrm{mA}$の2点における$V_{GS}$を読み取ります。この結果を使って，

$$g_m \approx \frac{I_{D2}-I_{D1}}{V_{GS2}-V_{GS1}} = \frac{(0.550-0.450)\,[\mathrm{mA}]}{(-1.126+1.218)\,[\mathrm{V}]} = \frac{0.100\,\mathrm{mA}}{0.092\,\mathrm{V}} \approx 1.09\,\mathrm{mS} \tag{4.85}$$

となります。先に述べた「方法1」では，しきい電圧を放物線の極小点を目視で決めているため，V_T値の読み取り精度が低いと考えられます。そこで，今回は方法2（バ

イアス点近傍の2点の傾き）で求めた1.09 mSを採用することとします。

▷ 負荷抵抗 R_L

図4-34において，電源電圧は V_{DD} = 15 Vとします。R_Lによるバイアス電流での電圧降下は出力電圧の振幅を大きくとるため $V_{DD}/2$ とします。よって，R_L は次式で決まります。

$$R_L = \frac{V_{DD}/2}{I_{DQ}} = \frac{V_{DD}/2}{I_0/2} = \frac{7.5\ \text{V}}{0.5\ \text{mA}} \approx 15\ \text{k}\Omega \tag{4.86}$$

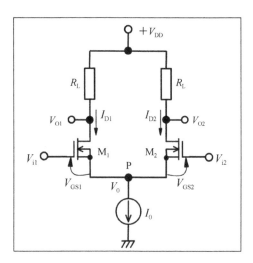

図4-34　MOS-FETを用いた差動増幅回路（再掲載）

▷ バイアス点の状態確認

以上の検討で決めた回路の素子値を使ってLTspiceに回路図入力を行い，「.op」ディレクティブによって動作点解析を行います。実行結果を図4-38に示します。まず定電流回路用のM3のドレーン電流は1 mAとなっています。また差動増幅回路用のM1，M2のバイアス電流は各々0.5 mA（図では500 μA）と正しい値です。さらに，R_1，R_2下端の電位は7.5 Vと V_{DD} = 15 Vの1/2でこれも設計どおりです。M1，M2のゲート電圧は直流的には0 Vであり，ソース電位が1.17 Vなので，$V_{GS} = -1.17$ Vと，図4-37で決めた値となっています。以上のことから，入力した回路は設計通りのバイアス状態であることが確認できます。

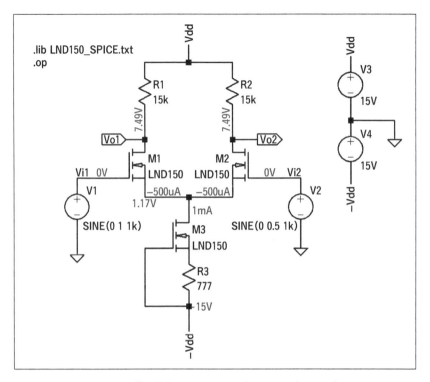

図4-38　差動増幅回路の動作点解析結果（Ex4_30）

差動増幅特性シミュレーション

（4.86)式，（4.85)式で決めた，$R_L = 15\ \text{k}\Omega$，$g_m = 1.09\ \text{mS}$ を（4.83)式に代入すると，差動増幅度は，

$$A_d = -g_{md}R_L = -g_mR_L = -1.09\ \text{mS} \times 15\ \text{k}\Omega = -16.4 \tag{4.87}$$

と予想できます。これを過渡解析により確認します。回路設定を図4-39に示します。図のように信号源V1は振幅0.1 V，1 kHzの正弦波とし，信号源V2はV1に対して位相を180°と設定して反転信号としています。したがって，回路図（図4-39）のラベルで表記すると，差動入力（Vi1-Vi2）は振幅0.2 V，1 kHzの正弦波信号となります。「.tran 10ms」ディレクティブで過渡解析実行後に，黒色の「Mark Reference」プローブを配線上で右クリックしてVi2付近に設定し，続いて赤色の電圧プローブをVi1に設定することで差動入力電圧を計測します。また，出力信号は（Vo1-Vo2）とすべく，M2のドレーン配線上で右クリックして黒色の「Mark Reference」プローブをVo2付近に設定し，続いて赤色の電圧プローブをVo1付近に設定します。

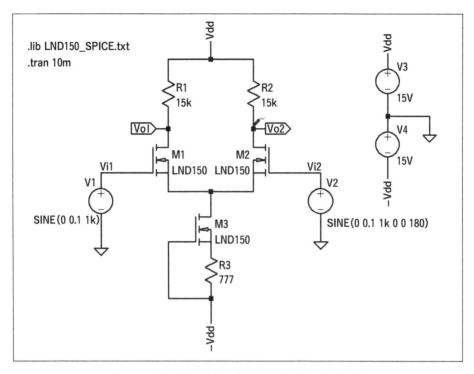

図4-39　差動増幅回路の過渡解析用設定（Ex4_31）

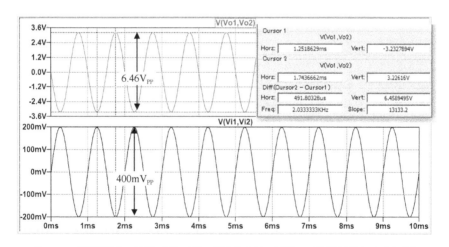

図4-40　過渡解析の結果（V1, V2に振幅0.1 V, 1 kHzの逆相信号を入力した）

　以上のプローブ設定による過渡解析の結果を，図4-40に示します。図の下段に示す，
400 mV$_{PP}$，1 kHzの差動入力信号に対し，図の上段に示す，6.46 Vpp，1 kHzの位相反転
信号が差動出力されています。差動増幅度は，−6.46 V/0.4 V ≒ −16.2倍で，（4.87）式の理
論値−16.4倍とよく一致しています。また，出力信号の正負部分の対称性も大変よく，図

右上の測定値ウインドウに示すように，±3.23 Vと3桁の精度で一致しています。これは差動出力することで，2個のMOS-FET（M1，M2）のバイアス点前後の非線形性をキャンセルする効果が働いたものと考えられます。

大振幅差動電圧入力特性

ここでは，図4-35に対応して，大振幅の差動電圧を入力した場合のM1，M2のドレーン電流の変化をシミュレーションで検証します。

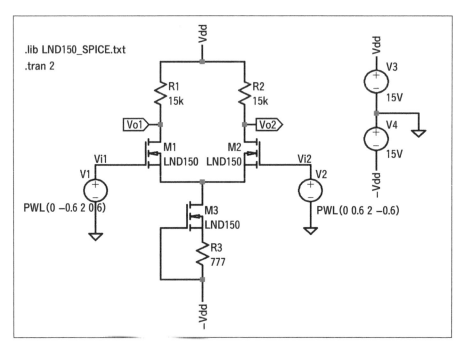

図4-41　大振幅差動電圧入力特性用の回路設定（Ex4-32）

差動信号としてPWL（Piece-wise linear）電源を使用します。PWL電源とは，複数の座標（time, volatge）を直線で結んだ波形を出力する電圧源のことです。このために，以下の手順で図4-41のように回路図を変更します。

- V1のシンボル上で右クリックして，V1のフォームを開きます。
- 図4-42のように「PWL」をチェックして，PWL電圧源の「time[s]」「value[V]」欄を入力し，OKボタンで決定します。
- 以上の設定で，（0 s，−0.6 V）（2 s，+0.6 V）の2点を結ぶ波形が設定されました。
- 同様に，V2には，（0 s，+0.6 V）（2 s，−0.6 V）とV1と逆方向に電圧が変化する波形を設定します。
- 回路図の空白部で右クリックしてポップアップ・メニューから「Edit Simulation Cmd.」を選択し，「Edit Simulation Command」フォームの「Transient」タブで「Stop

time」に2を入力してOKボタンを押し，図4-41のように「.tran 2」ディレクティブを回路図上に設定します。

● 以上の操作で，PWL電源で設定した線分波形を2秒間入力したときの回路動作を観測するよう設定できました。

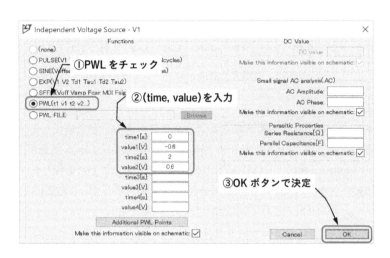

図4-42　PWL電源波形の設定

次に，差動電圧 $\Delta V_i = V_1 - V_2$ を入力したときの，FET（M1，M2）のドレーン電流をシミュレートします。図4-35に示した理論値グラフに従って，差動入力電圧は $\Delta V_i / \Delta V_{effQ}$ と規格化し，ドレーン電流は $2I_{Dn}/I_0$ と規格化することにします。以下の手順で操作してください。

● 「Run」ボタンをクリックします。

● M2のゲートとV2を結ぶ配線上で右クリックしてポップアップ・メニューから「Mark Reference」を選ぶと，配線上に黒い電圧プローブ（基準電圧測定用）が描かれます。

● M1のゲートとV1を結ぶ配線上にマウスカーソルを置いて，赤い電圧プローブ（基準電圧に対する電圧測定用）が現れたら左クリックします。

● 以上の操作で，グラフ上にV（Vi1,Vi2）の波形が描かれます。これが差動電圧 $\Delta V_i = V_1 - V_2$ を示しています。

● 次に，M1のドレーン付近にマウスカーソルを置いて，電流プローブが現れたら左クリックします。同様にM2のドレーン付近に電流プローブを設定します。

以上の操作で図4-43の波形が表示されます。

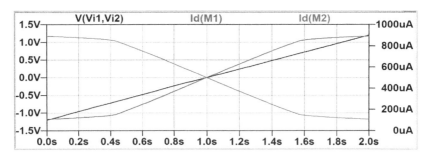

図4-43　差動入力電圧とドレーン電流の波形

次に図4-43をもとに所望の形式になるようグラフを次の手順で修正します。

- 下端の時間目盛で右クリックすると「Horizontal Axis」フォームが表示されるので，「Quantitiy Plotted」欄に「V(Vi1,Vi2)/0.829 V」と入力してOKを押します（図4-44）。これで横軸のスケールを$\Delta V_i/V_{\mathrm{effQ}}$と規格化できます。ここで，0.829 Vは（4.84）式で使用した$V_{\mathrm{effQ}} = -1.171 + 2.0 = 0.829$ Vです。

- 画面上部のV(Vi1,Vi2) の部分にマウスカーソルを置いて右クリックし，「Delete this Trace」ボタンを押して，差動電圧をプロット画面から除去します。

- 画面上部のId(M1) の部分にマウスカーソルを置いて右クリックし，「Expression Editor」を開くと入力欄にId(M1) とあるので，これを，2*Id(M1)/1 mAと変更してOKを押します（図4-45）。同様に，Id(M2) についても，2*Id(M2)/1 mAと変更します。これで縦軸のスケールを$2I_{\mathrm{Dn}}/I_0$と規格化できます。ここで，上の式の1 mAは定電流源であるM3のドレーン電流$I_0 = 1$ mAを表しています。

以上の操作で得られたグラフを図4-46に示します。

図4-44　グラフの横軸設定

図4-45　グラフの縦軸設定

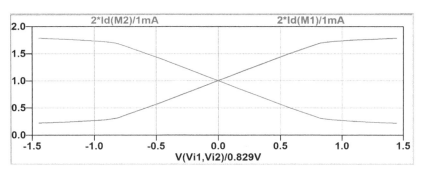

図4-46　ドレーン電流と差動差動入力電圧の関係

　図4-46の波形は，横軸が±0.5以内の領域ではドレーン電流が直線的に変化しており，図4-35の理論値ともよく一致しています。一方，横軸が±0.5の外側では理論値との違いがみられます。特に，図4-46は横軸が±0.8の点で波形が急に折り曲がっており，縦軸の理論値到達点である2.0および0.0に達していないことがわかります。この折れ曲がり点は時間波形を示す図4-43の横軸0.4 s，及び1.6 s付近でのId(M1)，およびId(M2) の波形の折れ曲がりに相当します。これらの点では差動入力電圧が±0.75 Vになり，ドレーン電流は約0.9 mAと読み取れます。このとき図4-41のドレーン抵抗R1，またはR2による電圧降下は15 kΩ* 0.9 mA = 13.5 Vであり，ゲート電圧は，図4-43から

$$V_{GS} = V(Vi1,Vi2)/2 = 0.75 \text{ V}/2 = 0.375 \text{ V}$$

と読み取れます。したがって，

$$V_{DS} = 15 - 13.5 = 1.5 \text{ V}, \quad V_{GS} - V_T = 0.375 + 2 \approx 2.4 \text{ V}$$

と見積もられるので，

$$V_{DS} < V_{GS} - V_T$$

という関係となって，MOS-FETを用いた増幅回路設計の前提である「飽和領域（図4-8参照）」の動作から外れていると考えられます。このように飽和領域から外れた際のMOS-FETの動作は図4-35の理論計算では考慮されていないので，図4-46において横軸±0.5を超える大きな差動入力電圧の領域ではシミュレーション値が理論値とくい違っていると考えられます。

E系列：抵抗，キャパシタなどの素子値

　市販の抵抗やキャパシタなど，受動素子の値は，2.2 kΩや68 μFというように，一見すると半端な数値になっています。これは，小さな値から巨大な値までを対数的に等間隔でカバーする工夫がされているためです。この標準数列は，表C3に示すように，JIS規格（JIS C5063：1997）でE系列（E = 3，6，12，24，48，96）として規定されています。各系列は，1〜10の範囲を公比$\sqrt[E]{10}$（10のE乗根）の等比級数列を扱いやすい値に丸めたものになっています。例えばE6系列の抵抗器の場合，表に○印で示したように1.0 Ω，1.5 Ω，2.2 Ω，3.3 Ω，4.7 Ω，6.8 Ωの6段階で1桁の素子値をカバーします。E系列の数値は，受動素子の許容誤差を加味して考えられた数値です。現実にはE6系列（許容誤差 ± 20%）以外に，E12系列（許容誤差 ± 10%），E24系列（許容誤差 ± 5%）などが用いられることが多いです。

表C3　E系列標準数（E6，E12，E24，E96）

公比	$\sqrt[6]{10}$	$\sqrt[12]{10}$	$\sqrt[24]{10}$
系列	E6	E12	E24
誤差	±20%	±10%	±5%
1.0	○	○	○
1.1			○
1.2		○	○
1.3			○
1.5	○	○	○
1.6			○
1.8		○	○
2.0			○
2.2	○	○	○
2.4			○
2.7		○	○
3.0			○
3.3	○	○	○
3.6			○
3.9		○	○
4.3			○
4.7	○	○	○
5.1			○
5.6		○	○
6.2			○
6.8	○	○	○
7.5			○
8.2		○	○
9.1			○

公比	$\sqrt[96]{10}$		
系列	E96		
誤差	±1%		
1.00	1.78	3.16	5.62
1.02	1.82	3.24	5.76
1.05	1.87	3.32	5.90
1.07	1.91	3.40	6.04
1.10	1.96	3.48	6.19
1.13	2.00	3.57	6.34
1.15	2.05	3.65	6.49
1.18	2.10	3.74	6.65
1.21	2.15	3.83	6.81
1.24	2.21	3.92	6.98
1.27	2.26	4.02	7.15
1.30	2.32	4.12	7.32
1.33	2.37	4.22	7.50
1.37	2.43	4.32	7.68
1.40	2.49	4.42	7.87
1.43	2.55	4.53	8.06
1.47	2.61	4.64	8.25
1.50	2.67	4.75	8.45
1.54	2.74	4.87	8.66
1.58	2.80	4.99	8.87
1.62	2.87	5.11	9.09
1.65	2.94	5.23	9.31
1.69	3.01	5.36	9.53
1.74	3.09	5.49	9.76

第5章 OPアンプ回路の設計

OPアンプ（Operational amplifier）[1]は理想的な増幅回路に近い特性をもった高性能なIC です。OPアンプを使用することで，増幅回路以外にも，「各種演算回路」，入力信号の周波数特性を変化させる「フィルタ回路」，交流信号を発生する「発振回路」などさまざまな回路を作ることができるので広く利用されています。この章ではLTspiceでの実習を併用して，OPアンプを使った基本的な回路の設計方法について学びます。

5.1 …… OPアンプの基本特性と負帰還増幅

OPアンプの端子名称を図5-1（a）に示します。OPアンプは正相入力端子と逆相入力端子の2つの入力端子と1つの出力端子をもっています。ふつう正負の2電源V_{CC}，$-V_{EE}$を使用しますが，最近では単電源式のOPアンプも提供されています。

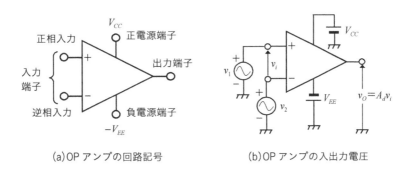

(a)OPアンプの回路記号　　　　　(b)OPアンプの入出力電圧

図5-1　OPアンプ

図5-1（b）はOPアンプに入力電圧と電源電圧をかけた図です。この図では直流電源V_{CC}，$-V_{EE}$が描かれていますが，回路図を簡単にするために直流電源への配線は回路図からは省略されることが多いです。OPアンプは4.4節で説明した差動増幅回路をもとに，差動増幅度A_dを$10^4 \sim 10^5$倍程度に高めた回路部品です。また，接地端子は回路を構成するときの直流電源，入出力電圧などの基準となる共通端子として回路内に設けて配線します。入力信号電圧v_1，v_2と差動増幅度A_dを用いて，出力電圧v_oは，

$$v_o = A_d(v_1 - v_2) = A_d v_i \tag{5.1}$$

となります。すなわちOPアンプの出力電圧は，2つの入力端子間の電圧v_iをA_d倍して出力します。

理想増幅器と実際のOPアンプの基本的な特性を表5-1に示します。OPアンプは増幅器

1　日本語ではオペアンプ，演算増幅器などとも呼ばれます。

なので，増幅度が大きいほど良いのですが，現実には10^4〜10^5程度のものが多いです。また，入力インピーダンスが高いほど入力端子への電流の流れ込みが少なく，前段の回路への影響を小さくできます。出力インピーダンスは低いほどOPアンプから電流が入出力されても，設計値からの出力電圧のずれが小さくできます。また高周波で大振幅の信号を扱う場合，周波数帯域，スルーレート（出力電圧の変化速度）の項目に注目して素子を選定する必要があります。

表5-1　理想増幅器とOPアンプの特性例

項目［単位］	意味	理想増幅器	汎用OPアンプ特性例（NJM4558）
増幅度（開ループ）	出力電圧/入力電圧比	∞	10^5
入力インピーダンス[Ω]	入力端子の電圧/電流比	∞	$5\,\mathrm{M}\Omega$
出力インピーダンス[Ω]	出力端子の電圧/電流比	0	$400\,\Omega$（DCでの推定値）
周波数帯域[Hz]	扱える信号の周波数範囲	$0\sim\infty$	$0\sim3\,\mathrm{MHz}$
スルーレート[V/μs]	出力信号の変化速度	∞	$1\,\mathrm{V/μs}$

　OPアンプはきわめて大きな増幅度をもつので，そのままで使用すると，わずかな入力電圧でも大きな出力電圧となります。例えば図5-1（b）において，$A_\mathrm{d}=10^5$，$v_\mathrm{i}=1\,\mathrm{mV}$とすると，(5.1)式より出力電圧は計算では100Vになります。しかし電源電圧は通常±15V程度であり，出力電圧は電源電圧よりも高くはならないので，出力が電源電圧で飽和してしまい，正常な増幅器としては機能しません。そこで，OPアンプは図5-2のように負帰還をかけて増幅度を下げた状態で使用します。

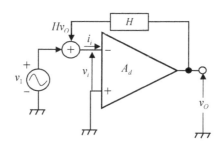

図5-2　OPアンプによる負帰還増幅回路

すなわち，出力端子から回路Hを通して逆相入力端子に信号を帰還させます。OPアンプの正相入力端子は接地され，逆相入力端子に入力電圧v_1と，帰還された電圧Hv_0の和が入力されており，次式が成立します。

$$v_\mathrm{o}=-A_\mathrm{d}v_\mathrm{i} \tag{5.2}$$
$$v_\mathrm{i}=v_1+Hv_\mathrm{o} \tag{5.3}$$

(5.2)，(5.3)式よりv_iを消去して増幅度Gを求めると，

$$G = \frac{v_\mathrm{o}}{v_\mathrm{l}} = \frac{-A_\mathrm{d}}{1 + A_\mathrm{d}H} \tag{5.4}$$

となります。OPアンプではA_dが十分大きいので，常に$A_\mathrm{d}H \gg 1$が成り立ち，増幅度は，

$$G \approx -\frac{1}{H} \tag{5.5}$$

となり，H（帰還率）だけで決定されます。例えば$H = 0.1$（帰還率10%）にすると，増幅度-10となるので，$A_\mathrm{d}H \gg 1$の条件を満たす周波数範囲において，正弦波の入力信号に対して振幅が10倍で位相が反転した正弦波信号が出力されます。図5-2において，2つの入力端子間の電圧v_iは（5.2）式より，

$$v_\mathrm{i} = \frac{v_\mathrm{o}}{-A_\mathrm{d}} \tag{5.6}$$

となります。ここで増幅度A_dは十分に大きく∞とみなせるとすると，（5.6）式は，

$$v_\mathrm{i} = 0 \tag{5.7}$$

となります。さらに，OPアンプの入力端子に流れる電流i_iは，OPアンプの入力インピーダンスをZ_iとすると，

$$i_\mathrm{i} = \frac{v_\mathrm{i}}{Z_\mathrm{i}} \tag{5.8}$$

となります。（5.7）式より，$v_\mathrm{i} = 0$なので，

$$i_\mathrm{i} = 0 \tag{5.9}$$

となります。（5.7）式，（5.9）式より，OPアンプの入力端子間は電圧・電流ともに0です。この性質は入力信号電圧v_lと無関係に常に成り立ちます。このような入力端子の電圧・電流の状態を**仮想短絡**（バーチャルショート）といいます。実際に2つの入力端子間が短絡されて$v_\mathrm{i} = 0$になっているのではなく，また入力端子間が開放されて$i_\mathrm{i} = 0$になっているのでもないのですが，$A_\mathrm{d} \approx \infty$と考えることで仮想的に入力端子間の電圧・電流が0とみなせるということです。OPアンプの2つの入力端子間が仮想短絡であるという性質を用いると，OPアンプを含む回路の計算が非常に簡単になります。代表的なOPアンプ回路の例を表5-2に示します。読者の皆さんは，表の計算式を仮想短絡の性質を用いて求めてみて，その便利さを実感してください。以下の5.2～5.4節ではこれらの回路動作についてシミュレーション実習を行います。

表5-2 代表的なOPアンプ回路の例

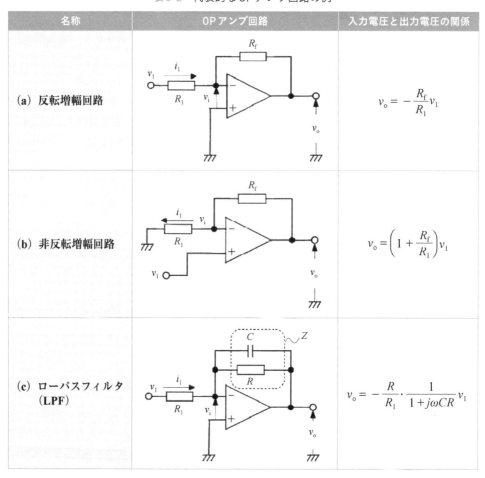

名称	OPアンプ回路	入力電圧と出力電圧の関係
（a）反転増幅回路		$v_o = -\dfrac{R_f}{R_1}v_1$
（b）非反転増幅回路		$v_o = \left(1 + \dfrac{R_f}{R_1}\right)v_1$
（c）ローパスフィルタ（LPF）		$v_o = -\dfrac{R}{R_1} \cdot \dfrac{1}{1 + j\omega CR}v_1$

5.2·····反転増幅回路

　反転増幅回路は入力電圧を任意の倍率に増幅できる回路で，その増幅度は表5-2（a）の抵抗の比で決定でき，次式のようになります。

$$G = \frac{v_o}{v_1} = -\frac{R_f}{R_1} \tag{5.10}$$

■ シミュレーション実習（反転増幅回路）

　LTspiceを使ってOPアンプの反転増幅回路を入力し，その増幅特性を確認します。シミュレーションの前提を次のようにします。
- OPアンプ：日清紡マイクロデバイス社（旧NJR社）の「NJM4580」を使う。
- 電源電圧は±15 Vとし，（5.10）式において，$R_1 = 1\ \text{k}\Omega$, $R_f = 10\ \text{k}\Omega$として，増幅度G = −10の回路を作る。

　最初に，1.3節に説明した手順でメーカWebサイトより入手したNJM4580のSPICEモデルをデスクトップの作業フォルダに「njm4580_v2.txt」というファイル名で配置し，新規回路図入力の画面上で次のように設定してください。

- OPアンプのシンボルを配置：「Component」ボタン（またはF2）を押し，[Opamps]フォルダから「opamp2」を選んで，OKボタンを押します[2]。画面空白部で左クリックしてopamp2を配置したのち「ESC」（または右クリック）を押します。

　次のリストは「njm4580_v2.txt」の一部です。「*」で始まる行はコメント行で，最後の「.subckt」の後ろの「njm4580_s」が「サブサーキット名」です。その後の数字は「端子番号」です。この端子番号はICのピン番号とは関係のない任意の番号が使われています。この例では左から順に「非反転入力」「反転入力」「正電源」「負電源」「出力」の端子と定義されています。この端子配列の順序と「opamp2」のシンボルの端子順序の定義は一致しているので正しく利用することができます[3]。もし入手したモデルファイルの端子順序がこの順番でない場合は，モデルファイルを修正するか，自分でシンボルを修正したり新規に作るかのいずれかが必要になります。

```
* connections :     non-inverting input
*                   | inverting input
*                   | | positive power supply
*                   | | | negative power supply
*                   | | | | output
*                   | | | | |
*                   | | | | |
.subckt njm4580_s 1 2 3 4 5
```

　続いて図5-3の回路を入力します。主な入力手順は次の通りです。

- 「opamp2」の部品名にマウスカーソルを置いて右クリックし，上記リストのサブサーキット名に従って，「njm4580_s」とします[4]。
- 次に作業フォルダに置いた「NJM4580」のモデルファイルを組み込みます。ツールバーの「.op」ボタン（または「s」）を押して「Edit Text on the Schematic」フォームを開きます。続いて空欄に「.lib njm4580_v2.txt」と書き込んでOKボタンを押し，

2　opamp2以外のシンボルとして，「opamp」「UniversalOpamp2」も[Opamps]フォルダに用意されていますが，半導体メーカなどのサイトからダウンロードしたマクロモデルに記載されているサブサーキットを使うには，opamp2を利用します。opamp2のシンボルは正負電源と2つの入力端子，1つの出力端子を加えた5端子の構成なので，サブサーキットもシンボルに合わせて5端子のものを使います。

3　シンボルの端子順序確認法：配置したopamp2のシンボル上でctrl＋右クリックして「Component Attribute Editor」を開き，その上側にある「Open Symbol」ボタンを左クリックすると「opamp2.asy」ウインドウが開き，シンボルのCAD図面が表示されます。四角枠で示された5個の端子のどれかを右クリックすると，各端子の配列順序が「Netlist Order」として確認できます。

4　「NJM4580」とすると，8端子モデルのサブサーキットとなるので，「opamp2」のシンボルでは利用できません。

「.lib」ディレクティブを回路上部に貼り付けます。

- 抵抗（R1，R2），信号源（V1），Groudを配置し配線を接続します。
- 抵抗R1は1k，R2は10kと設定します。
- 正電源（V2），負電源（V3）を配置・配線して，各々のシンボル上で右クリックして「DC value」を15Vとし，上下の±15V出力端にラベル「Vdd」「−Vss」を配置します。OPアンプの電源端子にもラベル「Vdd」「−Vss」を配置し，電源接続を行います。
- 信号源V1のシンボル上で右クリックして「Advanced」ボタンを押し，「Independent Voltage Source」フォームを開いて図5-4のように設定します。「SINE」は過渡解析をするときに使い，「AC」はAC解析をするときに使います。
- 信号源V1とR1の間にラベル「IN」を置き，OPアンプU1の出力端子部にラベル「OUT」を置きます。
- 回路図が完成し，「.tran」ディレクティブを配置した後に，NJM4580のSPICEモデルを配置したデスクトップ上の作業フォルダに，適当なファイル名（図5-3ではEx5_1）で回路図ファイルを保存してください。

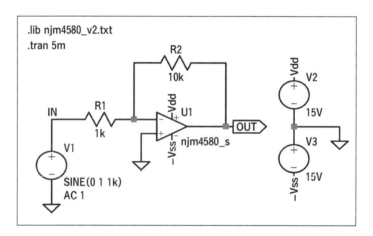

図5-3　反転増幅回路（Ex5_1）

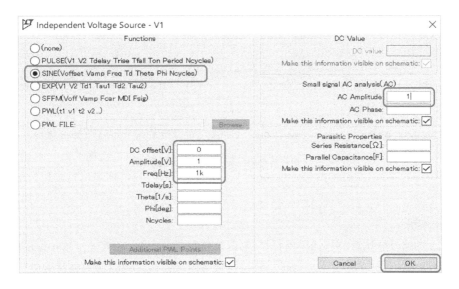

図5-4　信号源V1の設定

▷ 過渡解析

　図5-3の状態で「Run」ボタンを押して過渡解析を実行し，ラベル「IN」，「OUT」の付近に各々電圧プローブを設定すると，図5-5の波形が得られます。入力信号V(in) は振幅1 V，周波数1 kHzの正弦波であり，出力信号V(out) は振幅が10 VでV(in) と反転した正弦波であることが確認できます。これにより，増幅度$G = -10$の回路として動作していることがわかります。

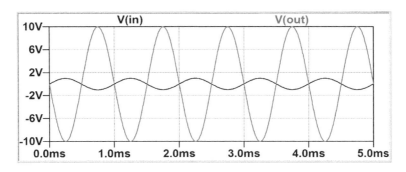

図5-5　過渡解析の結果（入力電圧振幅1 V）

　次に，入力信号V(in) を振幅2 Vとした場合の過渡解析結果を図5-6に示します。図のように，出力電圧V(out) は±13.5 V程度で頭打ちとなっています。計算上は10×2 V $= 20$ V出るはずですが，OPアンプの出力電圧は電源電圧以上にはならず，「NJM4580」の場合，電源電圧よりも出力振幅が1.5 V（10%）程度小さい出力電圧で飽和することが確認できました。

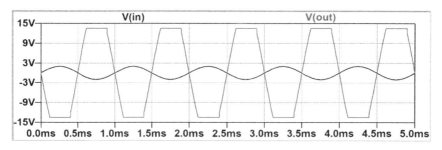

図5-6 過渡解析の結果（入力電圧振幅2V）

AC解析

次に，回路の空白部で右クリックして「Edit Simulation Cmd.」を選び，「Edit Simulation Command」フォームから「AC Analysis」タブを開いて，図5-7のように解析条件を設定して「OK」ボタンを押し，回路上部に「.ac」ディレクティブを貼り付けます。

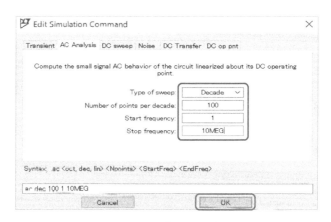

図5-7 AC解析の設定

その後，「Run」ボタンを押してAC解析を開始し，回路図上の「OUT」ラベル付近に電圧プローブを配置すると図5-8のような電圧利得$|G|$の周波数特性（振幅伝達関数）が表示されます[5]。図5-8の横軸は対数目盛となっており，縦軸はデシベル目盛になっています。デシベル表示での電圧利得は，次式で定義します。つまり10倍の増幅度は20 dBということです。

$$電圧利得\,[\mathrm{dB}] = 20\log(v_{\mathrm{OUT}}/v_{\mathrm{IN}})$$

....

5　振幅伝達関数とともに位相伝達関数がプロットされますが，位相目盛上で右クリックして「Don't plot phase」ボタンを押すことで削除しています。

図5-3のようにV1の設定「AC 1」により，$v_{IN} = 1$Vとしているので，V(out) の点に電圧プローブを置くだけで，dB表示の振幅伝達関数が表示されます。図5-8より，最大300 kHz付近まで電圧利得20 dB（増幅度10）が得られていることがわかります。それ以上の周波数ではOPアンプ自体の電圧増幅度が低下していく関係上，（5.5)式による近似の前提であった$A_d H \gg 1$の条件が次第に満たされなくなって，（5.4)式に従って増幅度が低下していく様子が見てとれます。

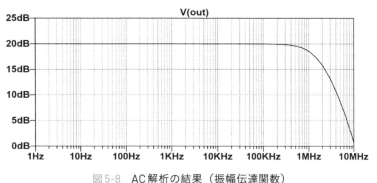

図5-8　AC解析の結果（振幅伝達関数）

5.3 ····· 非反転増幅回路

非反転増幅回路も反転増幅回路と同じく入力電圧を任意の倍率に増幅できる回路で，その増幅度は表5-2(b) の抵抗値の比で決定できます。増幅度の絶対値は次式のように反転増幅回路よりも1大きくなります。

$$G = \frac{v_o}{v_1} = 1 + \frac{R_f}{R_1} \tag{5.11}$$

シミュレーション実習（非反転増幅回路）

LTspiceを使って非反転増幅回路の特性を確認します。シミュレーションの前提を次のようにします。

- OPアンプ：NJR社の「NJM4580」を使います。
- 電源電圧は ± 15 V とし，（5.11)式において，$R_1 = 1$ kΩ，$R_f = 9$ kΩ として，増幅度 $G = 10$ の回路を作ります。

以下の手順でLTspiceに回路を入力してください。効率的に作業するために，先の反転増幅回路（Ex5_1）を変形してもよいです。

- 最初に5.2節と同じ方法で，「NJM4850」のSPICEモデルファイルを準備して，シンボル「opamp2」を配置するとともに，「NJM4580」のモデルファイルを組み込みます。
- 図5-9のように信号源（V1)・電源（V2，V3)，抵抗（R1，R2)，Groundを配置する

とともに素子値の設定を行い，配線を完了します。

- 反転増幅回路の場合と同じく，入出力端子，および正負電源端子にラベルを配置します。

- 回路図に適当なファイル名をつけて，デスクトップ上の作業フォルダに保存します。

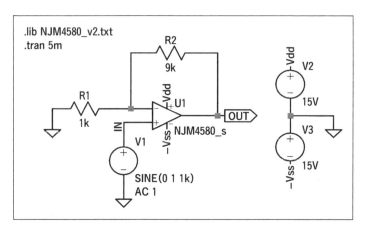

図5-9　非反転増幅回路（Ex5_2）

過渡解析

図5-9を入力したら「Run」ボタンを押して過渡解析を実行し，ラベル「IN」「OUT」の付近に電圧プローブを設定すると図5-10の波形が描画されます。入力信号V(in) は振幅1 V，周波数1 KHzであり，これに対して出力は振幅10 VでV(in) と同相の正弦波信号が得られています。これより増幅度 G = +10の回路として動作していることが確認できます。

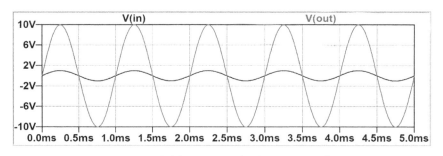

図5-10　過渡解析の結果（入力電圧振幅1 V）

AC解析

次に，反転増幅回路の場合に図5-7で示したのと同様に「AC Analysis」を設定し，「Run」ボタンを押して，「OUT」ラベル付近に電圧プローブを設定すると，図5-11のような電圧利得| G |の周波数特性（振幅伝達関数）が表示されます。図の特性は反転増幅回路

の場合（図5-8）とほぼ同じ特性で，300 kHzくらいまでは電圧利得20 dB（増幅度10）が得られており，これよりも高い周波数では電圧利得が減少していきます。

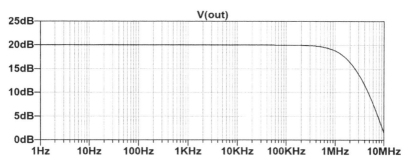

図5-11　AC解析の結果（振幅伝達関数）

電圧ホロワ回路

非反転増幅回路（表5-2（b））において，$R_f = 0\,\Omega$，$R_1 = \infty\,[\Omega]$として，帰還率100%にした回路は，「電圧ホロワ（Voltage Follower）」または，「電圧バッファ」と呼ばれてよく利用されます。増幅度は（5.11）式より求めた次式のように，正確に1となります。$R_f = 0\,\Omega$はOPアンプの出力端子と反転入力端子を直結（短絡）し，$R_1 = \infty\,[\Omega]$はR_1を除去することで実現できます。

$$G = 1 + \frac{R_f}{R_1}\bigg|_{R_f = 0,\,R_1 = \infty} = 1 \tag{5.12}$$

OPアンプ式の電圧ホロワ回路は，入力インピーダンスが大きく，出力インピーダンスが小さい「インピーダンス変換回路」として動作します。つまり回路の中間に電圧ホロワを挿入することで，前段の信号源の波形を忠実に後段に伝達する機能をもっていることが「電圧バッファ」と呼ばれるゆえんです。この回路は高い内部抵抗をもったセンサの出力信号から，多く電流を取り出せる電圧出力に変換する用途によく使われます。実際に電圧ホロワをLTspiceでシミュレーションしてみましょう。

図5-12のように回路図を入力して，信号源V1の設定をしてください。ここでは，OPアンプとして「電圧ホロワ」での使用をメーカが推奨している「OPA627（TI社）」を採用しています。電圧ホロワは帰還率100%で使用する関係上，後述するようにOPアンプの周波数帯域を最大限に使うので，動作が不安定になることが多いです。そこで，不要なトラブルを避けるために半導体メーカが電圧ホロワ（ユニティ・ゲインと表現していることもあります）としての利用を推奨している部品を使用するのが得策です。1.3節に説明したTL082と同じく，Mouser社のWebサイトで「OPA627」を検索して以下のようにSPICEモデルを組み込む作業を行ってください。

- 部品番号OPA627⇒ 文書より「OPA627 PSpice Model」をダウンロード⇒「sbom099c.zip」を解凍⇒「OPA627.LIB」というファイル名を「OPA627.txt」とした後に，自分の作業フォルダに移動します。

- 回路図における部品名は，図5-12のようにシンボルの部品名を「opamp2」から「OPA627」に変更します。
- 回路図に適当な名前をつけて，デスクトップ上の作業フォルダに保存します。

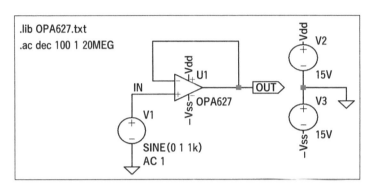

図5-12　電圧ホロワ回路（Ex5_3）

〈AC解析〉

　図5-13はAC解析を実行して得られた周波数特性（振幅伝達関数）です。図のように約2 MHzまで電圧利得0 dB（増幅度1）の平坦な特性が得られています。データシートによると，開ループの遮断周波数（利得0 dBになる周波数）が16 MHzであり，図5-13によると16 MHzで−3 dB（遮断周波数）と読み取れます。OPA267の開ループ特性データ上に，(5.4)式を参照して追記した周波数特性（図5-14）からわかるように，OPA627の周波数帯域を最大限に使っていることがわかります。

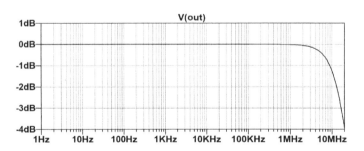

図5-13　電圧ホロワ回路の周波数特性（振幅伝達関数，OPA627使用）

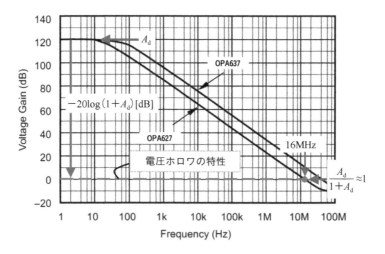

図5-14　OPA627の開ループ周波数特性と電圧ホロワの特性
（TI社のデータシートをもとに加工）

〈パルス信号印加特性〉

　次に，信号源V1を右クリックして「Independent Voltage Source」フォームを開き，図5-15のようにパルス電源を設定します。これにより大振幅パルスを印加したときの出力電圧波形の変化をシミュレーションで求めます。図5-15では，0V ⇒ 10V ⇒ 0Vに変化する時間幅0.5 μsのパルス信号を立ち上がり/立ち下り時間1nsとして設定しています。

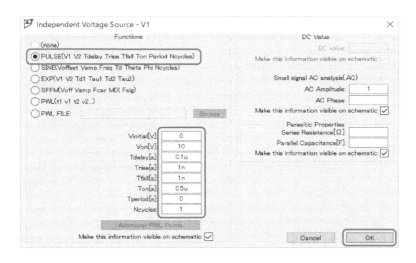

図5-15　パルス電源の設定画面

　このパルス電源を設定してから「.tran」ディレクティブを張り付けた回路図を図5-16に示します。

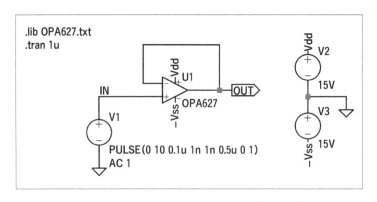

図5-16　パルス電源を設定した回路（Ex5_31）

　図5-16の回路図から過渡解析を実行して，V(in)，V(out) を分けて描いた波形を図5-17に示します。V(in) が幅0.5 μsで10 Vの矩形波なのに対して，V(out) はパルス波印加時点から立ち上がり，パルス波の終了時点から立ち下がる台形波形であることがわかります。図ではV(out) のグラフに対して2個の十字カーソルを設定して，出力が1 V⇒9 Vに変化する点の座標をカーソルの読み取りウインドウに表示しています。これによると，出力電圧の立ち上がりのスロープ傾きは，

$$\frac{\Delta v}{\Delta t} = \frac{9.0 \text{ V} - 1.0 \text{ V}}{259 \text{ ns} - 120 \text{ ns}} = \frac{8.0 \text{ V}}{0.139 \text{ μs}} \approx 58 \text{ V/μs}$$

となります。

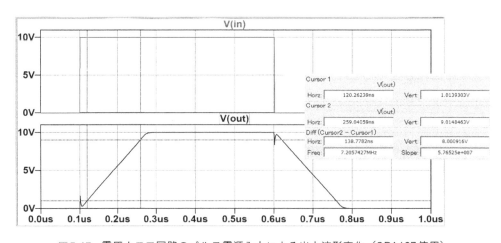

図5-17　電圧ホロワ回路のパルス電源入力による出力波形変化（OPA627使用）

　一方，OPA627のデータシートによると，スルーレートのTyp値（標準値）として，55 V/μsと記載されており，これとほぼ近い値がシミュレーションでも確認できています。

このように，大振幅の出力信号でOPアンプを使う場合にはスルーレートの値に注意する必要があります。振幅V_o，周波数fの正弦波の望ましい出力信号を，

$$v_o = V_o \sin 2\pi f t \tag{5.13}$$

とすると，この波形の変化の傾きdv_o/dtの最大値（振幅）がスルーレートSR以下ならば波形がひずむことはありません。よって，無ひずみの最大周波数$f_{\max}$，最大振幅$V_{o\max}$は，

$$SR \geq 2\pi f V_o \tag{5.14}$$

を満たすように決定すればよいのです。

5.4 …… フィルタ回路

フィルタ回路とは，色々な周波数成分をもつ信号の中から不要な周波数成分を除去し，必要な周波数成分のみを取り出す回路のことです。フィルタ回路にはインダクタやキャパシタなどの受動素子だけで構成したパッシブフィルタと，OPアンプやトランジスタなどの能動素子を使って構成したアクティブフィルタに分けられます。アクティブフィルタでは増幅作用を併せもったフィルタ回路が実現できます。ここではアクティブフィルタのうち最も基本的なローパスフィルタ（LPF）について説明し，シミュレーションで特性を確認します。

LPFは図5-18のように信号の高域成分を遮断し，低域成分だけを通過させるフィルタです。図の赤線は理想的な特性で青線は現実の特性です。縦軸は出力電圧/入力電圧の振幅比です。この値が通過域の最大値A_0の$1/\sqrt{2}$（−3 dB）になる周波数を遮断周波数f_Cと呼び，1（0 dB）になる周波数をゼロクロス周波数f_Zと呼びます。

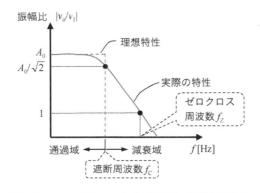

図5-18　ローパスフィルタ（LPF）の周波数特性

ここでは，表5-2(c) のようにRとCを並列接続して帰還インピーダンスZを構成した回路について考えます。この回路の伝達関数は，次式で与えられます。

$$\frac{v_o}{v_1} = -\frac{Z}{R_1} = -\frac{R}{R_1} \cdot \frac{1}{1+j\omega CR} \tag{5.15}$$

したがって振幅伝達関数は，

$$\left| \frac{v_0}{v_1} \right| = \frac{R}{R_1} \cdot \frac{1}{\sqrt{1 + (\omega CR)^2}} \tag{5.16}$$

となります。この関数はDC（$\omega = 0$）のとき最大値A_0をもちます。そこで，

$$A_0 \equiv R/R_1 \tag{5.17}$$

とすると，次のように書けます。

$$\left| \frac{v_0}{v_1} \right| = \frac{A_0}{\sqrt{1 + (\omega CR)^2}} \tag{5.18}$$

次に，(5.18)式をもとに遮断周波数を求めます。遮断周波数では，(5.18)式が$A_0/\sqrt{2}$になるので，次式が成立する必要があります。

$$\omega CR = 1 \tag{5.19}$$

したがって，遮断周波数f_Cは，次式のようになります。

$$f_C = \frac{1}{2\pi CR} \tag{5.20}$$

次にゼロクロス周波数を求めます。f_Cを超える高い周波数では表5-2(c) の帰還回路ではキャパシタCだけを考えればよいので，伝達関数は

$$\frac{v_o}{v_1} = -\frac{Z}{R_1} \approx -\frac{1}{R_1} \cdot \frac{1}{j\omega C} = j\frac{1}{\omega CR_1} \tag{5.21}$$

となり，振幅伝達関数は次式で与えられます。

$$\left| \frac{v_0}{v_1} \right| = \frac{1}{\omega CR_1} \tag{5.22}$$

ゼロクロス周波数では（5.22)式が1になることから，f_Zは次式のようになります。

$$f_Z = \frac{1}{2\pi CR_1} \tag{5.23}$$

■ シミュレーション実習（ローパスフィルタ）

LTspiceを使ってLPFの特性を確認します。シミュレーションの前提を次のようにします。

- OPアンプ：NJR社の「NJM4580」を使います。
- 電源電圧は± 15 Vとし，$R_1 = 1\ \text{k}\Omega$，$R = 10\ \text{k}\Omega$として，(5.17)式よりDCでの振幅比$A_0 = 10$の回路とします。
- 遮断周波数：$f_C = 10\ \text{kHz}$とします。キャパシタの値は（5.20)式より，次のように求まります。

$$C = \frac{1}{2\pi f_C R} = \frac{1}{2 \times 3.14 \times 10^4 \times 10^4} \approx 0.159 \times 10^{-8} \approx 1.6\ \text{nF}$$

このときのゼロクロス周波数f_Zは，（5.23)式を用いて次のようになります。

$$f_Z = \frac{1}{2\pi CR_1} = \frac{1}{2 \times 3.14 \times 1.6 \times 10^{-9} \times 10^3} \approx \frac{1}{10 \times 10^{-6}} = 100\ \text{kHz}$$

5.2節の反転増幅回路と同様の手順で，LTspiceに図5-19の回路を入力し，デスクトップ上

の作業フォルダに適当な名前で保存してください。

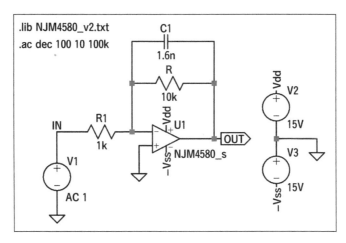

図5-19　ローパスフィルタ（LPF）の回路図（Ex5_4）

➤ AC解析

　振幅伝達関数を計算するためにAC解析を行います。図5-19の回路図に対して「Run」ボタンを押してシミュレーションを開始します。その後，「OUT」端子付近に電圧プローブを設定すると，図5-20の周波数特性が描画されます。このグラフより以下の内容が読み取れます。

- 通過域での電圧利得：20 dB（振幅比10倍）と設計値どおりである。
- 遮断周波数：10 kHzでの電圧利得は約17 dBと3 dB低下（最大振幅比の$1/\sqrt{2}$倍）しており，ほぼ設計と一致している。
- ゼロクロス周波数：100 KHzでの電圧利得は約0 dB（振幅比1倍）とほぼ設計と一致しています。

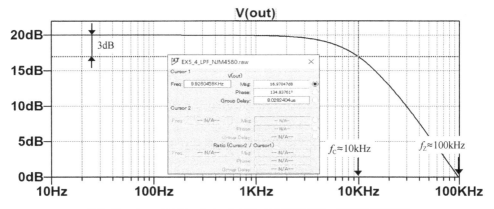

図5-20　ローパスフィルタ（LPF）の周波数特性（振幅伝達関数）

▶ 過渡解析

　矩形波を入力したときのLPFの応答を調べるために，以下の手順で信号源V1を設定して過渡解析を行ってください。

- 信号源V1上で右クリックして「Independent Voltage Source」フォームを開き，図5-21のようにPULSE信号の設定を行い，入力が終了したら「OK」ボタンを押します。このように設定することで0～1Vの間で変化する周期0.5 ms，パルス幅0.25 msの矩形波信号が設定できます。回路図のV1には「PULSE（0 1 0.1m 1n 1n 0.25m 0.5m）」と表示されます。

- 回路図の空白部で右クリックして，「Edit Simulation Cmd.」より「Edit Simulation Command」フォームを開き，「Transient」タブを選択して，「Stop time」欄に「2m」と入力して「OK」ボタンを押し，「.tran」ディレクティブを貼り付けてください。

　以上の設定が完了したら，「Run」ボタンを押してシミュレーションを開始し，電圧プローブを「IN」「OUT」の両ラベル付近に設定してください。得られたグラフをV(in)，V(out)の2個に分けた結果を図5-21に示します。

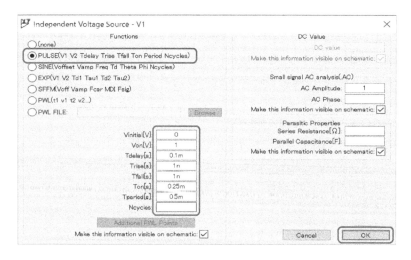

図5-21　V1に対する矩形波の設定（1 V，周期0.5 ms，幅0.25 ms）

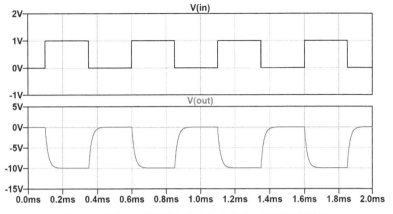

図5-22　LPF に矩形波を入力したときの過渡解析結果

　図5-22のように，電圧0〜1Vで繰り返し周波数2kHzの矩形波を入力した結果，極性反転した0〜−10Vの矩形波が出力されています。極性が反転するのは図5-19のR1とRで−10倍の反転増幅回路になっているからです。また，V(out) の波形は立ち上がり，立ち下りともに鈍った波形になっています。振幅±1Vの矩形波信号は（5.24）式のように，基本周波数fに加えて，3f, 5f, 7f, ……という奇数倍の高調波成分の足し合わせで表現されることが知られています。

$$v_{\mathrm{square}}(t) = \frac{4}{\pi}\sum_{k=1}^{\infty}\frac{\sin\{(2k-1)2\pi ft\}}{2k-1} \tag{5.24}$$

したがって，基本周波数成分だけを取り出すと正弦波で，これに奇数次の高調波が無限に足し合わされることで「角が直角の矩形波」が合成されるのです。図5-22の結果は，2kHzの基本周波数をもった矩形波信号が，遮断周波数$f_C = 10\,\mathrm{kHz}$のLPFを通ったことで，主に10kHz以上（2kHzの5倍以上）の周波数成分が減衰した結果，鈍った波形が出力されたものと考えられます。

5.5 ┈┈ 正弦波発振回路

　発振回路とは，持続した交流信号を出力する回路で，動作原理により帰還型（Harmonic oscillator）と弛張型（Relaxation oscillator）に分けられます。本節では，まず帰還型発振回路の動作原理を説明します。次に帰還部にウイーンブリッジ[6]を利用した「ウイーンブリッジ発振回路」の動作原理を説明して，LTspiceで動作確認の実習を行います。

（1）正帰還回路と発振条件
　増幅回路の出力の一部を入力に正帰還させることで，規則的な電圧の変動を生じさせる

6　1891年にマックス・ヴィーン（Max Wien）により開発されたブリッジ回路の1つ。後述するように4つの抵抗と2つのキャパシタから構成されます。

回路を帰還型発振回路と呼びます。図5-23(a) の回路構成で，出力信号を入力信号と同位相で帰還させると，図5-23(b) のように特定の周波数の出力信号をどんどん増大させることができ，発振動作を行うようにできます。以下，発振現象が起こる条件について説明します。

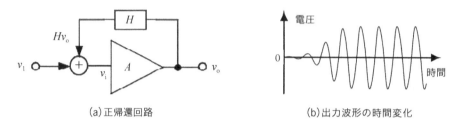

(a)正帰還回路   (b)出力波形の時間変化

図5-23 　正帰還回路とその出力波形

　図5-23(a) において，v_1は雑音などの外部入力信号，v_iは増幅器への入力信号，Aは正の増幅度，Hは帰還率，v_oは出力信号を表しています。これらの間には以下の関係式が成り立ちます。

$$v_i = v_1 + Hv_o \tag{5.25}$$
$$v_o = Av_i \tag{5.26}$$

(5.26)式に（5.25）式を代入してv_iを消去すると，

$$v_o = A(v_1 + Hv_o) \tag{5.27}$$

よって，電圧増幅度Gは，次式のようになります。

$$G = \frac{v_o}{v_1} = \frac{A}{1 - AH} \tag{5.28}$$

ここで，（5.28）式に表れるAHをループ利得と呼び，$AH > 0$の場合に正帰還回路となります。特に，$AH = 1$のときに電圧増幅度Gが無限大になり発振動作が継続します。したがって発振を開始して，継続させるには，（5.29）式を満たすことが必要です。

$$AH \geq 1 \tag{5.29}$$

回路Hにはインダクタやキャパシタが使われるので，AHは複素数です。よって（5.29）式は，

$$AH = \text{Re}(AH) + j\text{Im}(AH) \geq 1 \tag{5.30}$$

と書けます。ここで，（5.29）式を満たすにはAHは実数でなければならず，（5.30）式は次の2つの条件に分けられ，これらの条件を同時に満たすときに回路は発振します。

$$\text{Im}(AH) = 0 \tag{5.31}$$
$$\text{Re}(AH) \geq 1 \tag{5.32}$$

（5.31）式は発振周波数を決めるので，発振回路の**周波数条件（または位相条件）**といいます。また，（5.32）式は増幅回路の増幅度を決めるもので，発振回路の**電力条件（または振幅条件）**と呼びます。正弦波発振回路ではHが周波数に応じて変化して，特定の周波数で

のみ（5.31）式と（5.32）式を同時に満たすようになっています。

（2）ウイーンブリッジ

図5-24に示すウイーンブリッジ回路は，未知のインピーダンスを求めるのに使用されます。この回路において，対面するインピーダンス同士の積が等しい場合，つまり（5.33）式が成立する場合には，端子cとdの電位が等しく，ここに別の回路を接続しても電流が流れません。

$$Z_1 R_4 = Z_2 R_3 \tag{5.33}$$

ここで，Z_1，Z_2は次式で与えられます。

$$Z_1 = R_1 + \frac{1}{j\omega C_1} \tag{5.34}$$

$$Z_2 = \frac{1}{\frac{1}{R_2} + j\omega C_2} \tag{5.35}$$

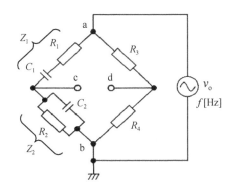

図5-24　ウイーンブリッジ回路

（5.33）式が成立している場合，ブリッジは平衡しているといいます。ブリッジを平衡させると，（5.33）〜（5.35）式を用いてブリッジの一辺に接続した未知のインピーダンスを計算することができるのです。次に説明するウイーンブリッジ発振回路は，OPアンプの出力v_oを端子a-bに接続し，端子c-dをオペアンプの正相入力端子，および逆相入力端子に接続する構成となっています。この回路は，（5.33）式の平衡条件で発振周波数が決まります。また，わずかに平衡をずらしてc-d間に微小信号を出力することで発振が持続するしくみになっています。

（3）ウイーンブリッジ発振回路

図5-25にウイーンブリッジ発振回路を示します。図（a）はウイーンブリッジの構造をわかりやすく描いたもので，（b）は（a）を書き換えたものです。

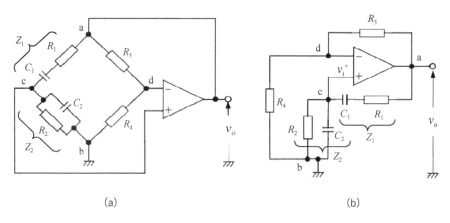

図5-25　ウイーンブリッジ発振回路

　図(b)において，出力電圧v_oを電源と考えると，非反転端子への入力電圧v_i^+は帰還部のインピーダンスZ_1，Z_2で分圧されることになり，次式で与えられます。

$$v_i^+ = \frac{Z_2}{Z_1 + Z_2} v_o \tag{5.36}$$

よって，帰還率Hは，

$$H = \frac{v_i^+}{v_o} = \frac{Z_2}{Z_1 + Z_2} \tag{5.37}$$

(5.37)式に（5.34）〜（5.35)式を代入して整理すると，

$$H = \frac{\cfrac{1}{\cfrac{1}{R_2} + j\omega C_2}}{R_1 + \cfrac{1}{j\omega C_1} + \cfrac{1}{\cfrac{1}{R_2} + j\omega C_2}} = \frac{\cfrac{R_2}{1 + j\omega C_2 R_2}}{\cfrac{1 + j\omega C_1 R_1}{j\omega C_1} + \cfrac{R_2}{1 + j\omega C_2 R_2}}$$

$$= \frac{j\omega C_1 R_2}{(1 + j\omega C_1 R_1)(1 + j\omega C_2 R_2) + j\omega C_1 R_2}$$

$$= \frac{j\omega C_1 R_2}{(1 - \omega^2 C_1 C_2 R_1 R_2) + j\omega(C_1 R_1 + C_2 R_2 + C_1 R_2)}$$

$$= \frac{1}{\left(1 + \cfrac{R_1}{R_2} + \cfrac{C_2}{C_1}\right) + j\left(\omega C_2 R_1 - \cfrac{1}{\omega C_1 R_2}\right)} \tag{5.38}$$

となります。一方，非反転端子への入力電圧v_i^+に対する非反転増幅回路としての電圧増幅度Aは，R_3，R_4を用いて，次式のようになります。

$$A = 1 + \frac{R_3}{R_4} \tag{5.39}$$

よってループ利得AHは，（5.38）〜（5.39)式により次式で与えられます。

$$AH = \cfrac{1+\dfrac{R_3}{R_4}}{\left(1+\dfrac{R_1}{R_2}+\dfrac{C_2}{C_1}\right)+j\left(\omega C_2 R_1 - \dfrac{1}{\omega C_1 R_2}\right)} \tag{5.40}$$

ここで，図5-25のウイーンブリッジ発振回路では，設計の便宜上$R_1 = R_2 = R$，$C_1 = C_2 = C$とすることが一般的です。この条件を（5.40）式に用いると，

$$AH = \cfrac{1+\dfrac{R_3}{R_4}}{3+j\left(\omega CR - \dfrac{1}{\omega CR}\right)} \tag{5.41}$$

と簡単になります。（5.31）式の周波数条件$\mathrm{Im}(AH)=0$を満たすには，（5.41）式の分母の虚数部を0にすればよいので，発振周波数$f_{\mathrm{osc}} = \omega_{\mathrm{osc}}/2\pi$は次式のようになります。

$$f_{\mathrm{osc}} = \frac{1}{2\pi CR} \tag{5.42}$$

また（5.42）式の周波数条件を（5.41）式に代入して，（5.32）式の電力条件を考慮すると，

$$\mathrm{Re}(AH) = \frac{1}{3}\left(1+\frac{R_3}{R_4}\right) \geq 1 \tag{5.43}$$

より，R_3，R_4が次式を満たせばよいことがわかります。

$$\frac{R_3}{R_4} \geq 2 \tag{5.44}$$

すなわち，（5.39）式を参照すると，非反転増幅回路の電圧増幅度Aが3以上あればよいということです。

〈数値例〉

　図5-25の発振回路において，発振周波数が1 kHzの回路を設計してみます。（5.41）〜（5.44）式を導いた前提条件と同じく，便宜的に$R_1 = R_2 = R$，$C_1 = C_2 = C$とします。さらに，$R_1 = R_4 = 16\ \mathrm{k\Omega}$として，$C$と$R_3$を決定します。（5.42）式を用いて，

$$CR = \frac{1}{2\pi f_{\mathrm{osc}}} = \frac{1}{2\times 3.14\times 10^3} \approx 1.59\times 10^{-4}$$

となります。ここで，$R_1 = R = 16\ \mathrm{k\Omega}$なので，

$$C \approx \frac{1.59\times 10^{-4}}{R} = \frac{1.59\times 10^{-4}}{16\times 10^3} \approx 10\ \mathrm{nF}$$

と求まります。また，（5.44）式を用いて，

$$R_3 \geq 2R_4 = 32\ \mathrm{k\Omega}$$

なので，例えば

$$R_3 = 32.3\ \mathrm{k\Omega}$$

であればよいということです。

■ シミュレーション実習（ウイーンブリッジ発振回路）

LTspiceを使ってウイーンブリッジ発振回路の特性を確認します。シミュレーションの前提を次のようにします。

- OPアンプ：NJR社の「NJM4580」を使います。
- 電源電圧は±15 V，発振周波数は1 kHzとし，先の数値例で求めた抵抗値，キャパシタの容量値を使用します。

(1) ウイーンブリッジの周波数特性

発振回路の前に，ウイーンブリッジの特性をシミュレートしてみます。次の手順を参考に，図5-26の回路を入力してください。

- LTspiceでは回路部品は斜め向きに配置できないのですが，配線は斜めに描けます。「Wire」ボタンを押した後，Ctrl＋左ボタンを押した状態で配線を描いて，左クリックで配線を配置し，ESCで配線モードから抜けてください。
- 図5-24に合わせて「c」「d」という出力ラベルを配置してください。
- R3は基準値の32 kとしてください。

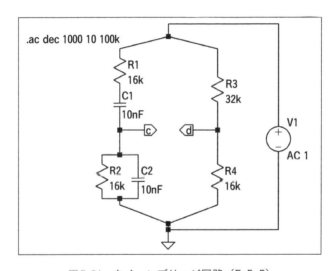

図5-26　ウイーンブリッジ回路（Ex5_5）

▶ **AC解析**

V1の振幅（AC Amplitude）を1とし，図5-26のように「.ac」ディレクティブを設定して，10〜100 kHz間の振幅伝達関数を計算します。「Run」ボタンを押してシミュレーションを開始し，「d」端子付近の配線上で右クリックして黒色のReferenceプローブを置き，「c」端子付近の配線上で左クリックして赤色の電圧プローブを設定すると，図5-27の周波数特性が描画されます。このグラフより，設計どおり1 kHzでブリッジが平衡状態となり，V(c, d) が-75 dB以下と極小値になっています。

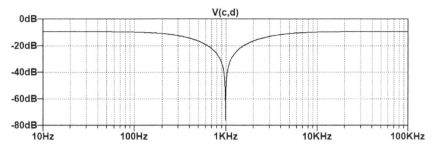

図5-27　ウイーンブリッジ回路の周波数特性（振幅伝達関数）

　次に，図5-26のブリッジ左半分のCR回路（以降CRフィルタ回路と呼びます）の特性
をシミュレートしてみます。図5-26を変形して図5-28の回路を作ってください。

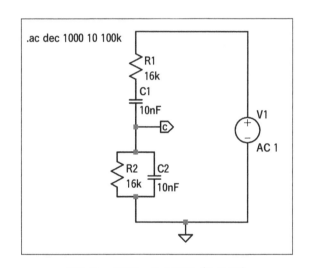

図5-28　CRフィルタ回路（Ex5_51）

　この回路でAC解析を行うと，図5-29の周波数特性（振幅，位相ともに表示）が得られ
ます。この図から，CRフィルタ回路は1 kHzの点で出力電圧v_cが最大になる「バンドパ
スフィルタ（BPF）」として動作していることがわかります。このグラフ上部のV(c)を
左クリックして十字カーソルを表示し，このカーソルの縦線を左右に移動して振幅の最大
点に配置すると，図5-29右下の測定窓のように，周波数995 Hzで振幅のピーク値−9.45 dB,
位相約0 deg.と読み取れます。−9.54 dBとは，$20 \log |v_c/v_1| = -9.54$より，

$$|v_c/v_1| = 10^{-(9.54/20)} \approx 0.333 \approx 1/3$$

ということです。つまりCRフィルタ回路の共振周波数（(5.42)式より$\omega CR = 1$の点）で,
交流電源V1の振幅の1/3倍で同位相の交流電圧がc点に出力されるということです。この
点について数式で確かめてみます。

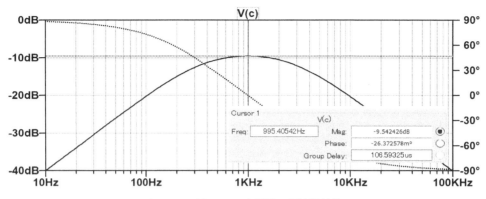

図5-29 CRフィルタ回路の周波数特性

　抵抗値を $R = R_1 = R_2$，キャパシタを $C = C_1 = C_2$とし，(5.34)〜(5.35)式のZ_1，Z_2を使うと，図5-28における伝達関数v_c/v_1は次式のようになります。

$$\frac{v_c}{v_1} = \frac{Z_2}{Z_1 + Z_2} = \frac{\dfrac{1}{\dfrac{1}{R} + j\omega C}}{R + \dfrac{1}{j\omega C} + \dfrac{1}{\dfrac{1}{R} + j\omega C}} = \frac{\dfrac{R}{1 + j\omega CR}}{\dfrac{1 + j\omega CR}{j\omega C} + \dfrac{R}{1 + j\omega CR}}$$

$$= \frac{R}{\dfrac{(1 + j\omega CR)^2}{j\omega C} + R} = \frac{j\omega CR}{(1 + j\omega CR)^2 + j\omega CR}$$

$$= \frac{j\omega CR}{1 - (\omega CR)^2 + j3\omega CR} \tag{5.45}$$

ここで，(5.45)式において$\omega CR = 1$とすると，

$$\left.\frac{v_c}{v_1}\right|_{\omega CR = 1} = \frac{j}{j3} = \frac{1}{3} \tag{5.46}$$

より，$f = \dfrac{1}{2\pi CR}$の共振周波数において，c点の電圧v_cがv_1と同位相で振幅が1/3になることが示されました。したがって，図5-29のシミュレーション結果が理論面からも正しいといえます。

（2）ウイーンブリッジ発振回路の出力波形

図5-30の回路を入力してください。ここでは先の数値例にしたがってR3 = 32.3kとしています。

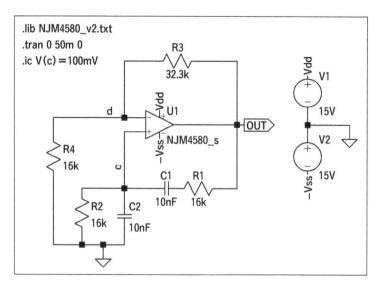

.lib NJM4580_v2.txt
.tran 0 50m 0
.ic V(c)=100mV

図5-30　ウイーンブリッジ発振回路（Ex5_6）

▷ 過渡解析

図5-30の回路図には「.ic」ディレクティブが設定されています。これはツールバー右端の「.op」ボタンを押すか，「s」キー入力より「Edit Text on the Schematic」フォームを開いて，「.ic V(c) = 100mV」と入力後「OK」ボタンを押して設定できます。図5-31は，この「.ic」ディレクティブを設定しないで過渡解析を実行し，「OUT」ラベルに電圧プローブを設定した結果です。出力には約0.45 mVの直流電圧が見られるだけで，交流成分は重畳されていません。LTspiceは最初に「.op」ディレクティブで求められる直流バイアス計算を行い，この平衡状態から「Transient」解析を実行します。実際の回路では電源投入や各種混入雑音による外乱成分が回路の各部に重畳することで自然に発振を開始するのですが，シミュレータを使った「Transient」解析では意図的に外乱を作ってやらないと「発振の種」がないので発振動作がスタートせず，交流波形が成長していく状態にはならないのです。初期の平衡状態を壊すためにLTspiceがバイアス計算を行った後に，回路上の適当な箇所に強制的に電圧または電流を挿入するのが「.ic」ディレクティブです。「.ic」ディレクティブの書式は以下の通りです。この書式によって，配線上の点（ノード）には初期電圧が設定でき，インダクタには初期電流が設定できます。

.ic V（配線のラベル名）= 初期電圧
.ic I（インダクタのラベル名）= 初期電流

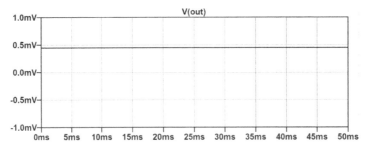

図5-31 ウイーンブリッジ発振回路の出力波形（「.ic」ディレクティブなし，0–50 ms）

　図5-32に，ラベル「c」の点に初期電圧100 mVを与えるように「.ic」ディレクティブを設定して，シミュレーションした場合の出力波形を示します。0〜50 msにかけて次第に交流信号の振幅が増加していく様子がわかります。さらに観測時間を0‐160 msに拡大すると図5-33の波形が出力されます。

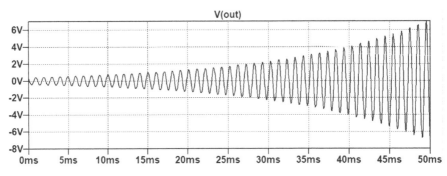

図5-32 ウイーンブリッジ発振回路の出力波形（「.ic」ディレクティブあり，0–50 ms）

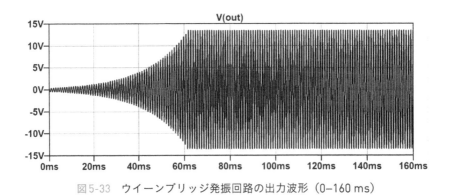

図5-33 ウイーンブリッジ発振回路の出力波形（0–160 ms）

　図5-33のように，61 ms付近まで振幅が加速度的に増加した後に，一定振幅の交流信号が維持されています。この一定振幅の波形を詳細にみるために，以下の設定を行ってください。

- 「.tran」ディレクティブ上で右クリックして，「Edit Simulation Command」フォームから「Transient」タブを開いて，「Stop time = 155 ms, Time to start saving data = 150 ms と設定します。

　上記設定を行って，150～155 msの区間を拡大した波形を図5-34に示します。図のように出力波形はNJM4580の飽和振幅（±13.5 V）の周期波形で，2本の十字カーソルを繰り返し点に設定すると，周波数994 Hzと，設計値（1 KHz）より0.6%より小さい周波数での動作が確認できます。ただし波形の上下ピークが飽和電圧によりつぶれた形になっており，きれいな正弦波にはなっていません。図5-35は帰還抵抗R_3の両端電圧波形（上図：V(out) − V(d)）と，OPアンプ入力端子間の電圧波形（下図：V(c, d)）を示すものです。図からわかるように，出力波形が飽和電圧に到達した時点で「仮想短絡」が崩れてV(c, d) にパルス状の波形が出ていること，R_3の両端電圧も図5-34のV(out) と同様に，正弦波のピーク部がつぶれていることが見てとれます。

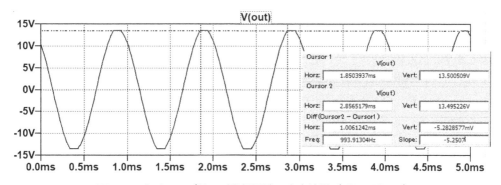

図5-34　ウイーンブリッジ発振回路の出力波形（150–155 ms）

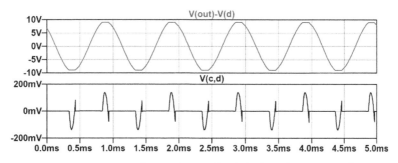

図5-35　ウイーンブリッジ発振回路の各部波形（150–155 ms）
（上図：R_3の両端電圧，下図：OPアンプ入力端子間電圧）

（3）ウイーンブリッジ発振回路の振幅制御

　図5-34のピーク波形のつぶれを解消するために，オペアンプの非反転増幅部の増幅度を制御することを考えます。増幅度は，（5.39）式のように，$A = 1 + R_3/R_4$で与えられるので，出力振幅が増加したときに帰還抵抗を自動的に小さくする回路をR_3と並列に追加し

ます。図5-35の上図のように，R_3の両端にはピークで±9.5Vの電圧が印加されているので，R_3の両端電圧が増加したのを逆向きに並列接続した2個のダイオード（1N4148）で検出して，帰還抵抗値を下げるようにしたのが図5-36の回路です。R3両端の交流電圧振幅が増加すると，電圧の極性に応じてD1，もしくはD2のいずれかがON状態になり，並列抵抗R5//R3が帰還抵抗となって負帰還の量を増加させ，次のように増幅度を低下させます。

$$\text{振幅が小さいとき：} A = 1 + \frac{R_3}{R_4} = 1 + \frac{35.2}{16} = 3.2 \tag{5.47}$$

$$\text{振幅が大きいとき：} A' = 1 + \frac{R3//R5}{R4} = 1 + \frac{\dfrac{330\,\text{K} \times 35.2\,\text{K}}{330\,\text{K} + 35.2\,\text{K}}}{16\,\text{K}} \approx 1 + \frac{31.8\,\text{K}}{16\,\text{K}} \approx 2.99 \tag{5.48}$$

したがって振幅が小さい間は増幅度が3を超えており出力振幅を増加させますが，振幅が大きくなると，増幅度が3を下回ることで振幅の増加を抑制するように動作します。

過渡解析を使って150～153msの区間を計算してみます。図5-36のようにTransientの入力フォームで「Maximum Timestep[7]」欄に「1u（=1μs）」と記入して，波形を詳細に観察します。出力結果を図5-37に示します。2本の十字カーソルを0Vの繰り返し点に設定すると，右下の測定窓に周波数は994kHzと表示されています。また，振幅は12V（24V$_{pp}$）で，ピーク波形のつぶれもなく，図5-34に比べて良好な発振波形に改良できたことがわかります。

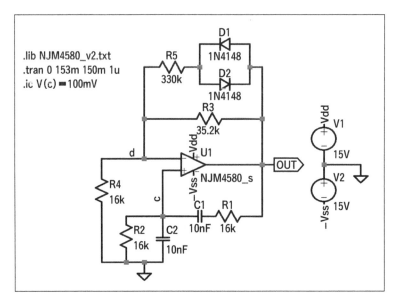

図5-36　ゲインコントロール式ウイーンブリッジ発振回路（Ex5_7）

7　シミュレーションを実行する時間間隔の最大値です。電圧や電流の変化を細かく調べたい場合に使用します。設定しない場合，時間間隔をLTspice側で自動調整しています。値を小さくしすぎると，計算時間が長くなりすぎるので注意が必要です。

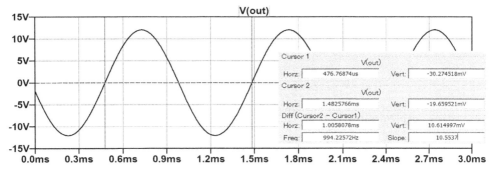

図5-37　ゲインコントロール式ウイーンブリッジ発振回路の出力波形（150–153 ms）

5.6 …… ヒステリシスコンパレータ

　コンパレータ（Comparator）とは，2つの電圧を比較し，どちらが大きいかで出力が2値の間で切り替わる回路です。またヒステリシスコンパレータ（Comparator with Hysteresis）は，入力電圧の立ち上がりと立下りで出力の変化する閾値電圧が異なる回路で，別名シュミットトリガ（Schmitt trigger）回路と呼ばれます。本節では，これらの回路をOPアンプで実現する方法を説明して，シミュレーション実習を行います。

（1）コンパレータ

　コンパレータは負帰還をかけないOPアンプで実現できます。図5-38のようにOPアンプの反転入力端子と非反転入力端子にそれぞれV_{in}，V_{ip}をかけます。差動増幅度A_dが無限大とみなせるので，出力V_Oは，次のようになります。

$$V_{in} < V_{ip} \text{ のとき}：V_O = V_{OH} \tag{5.49}$$

$$V_{in} > V_{ip} \text{ のとき}：V_O = V_{OL} \tag{5.50}$$

ここで，V_{OH}，V_{OL}は，それぞれ正の飽和出力電圧，負の飽和出力電圧です。

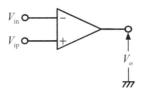

図5-38　コンパレータ回路

　図5-39はLTspiceでコンパレータの基本動作を確認する回路図です。非反転入力端子の入力V_{ip}はグランド電位（0 V）として反転入力の電位を信号源V1で変化させます。V1は振幅8 V，100 Hzの正弦波とします。

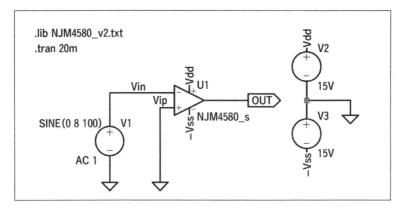

図5-39 コンパレータの動作確認回路（Ex5_8）

図5-40に過渡解析の結果を示します。$V_{ip} = 0$ V なので，$V_{in} > 0$ V のときに負の飽和電圧 $V_{OL} = -13.5$ V が出力され，$V_{in} < 0$ V のときに，$V_{OH} = +13.5$ V が出力されています。

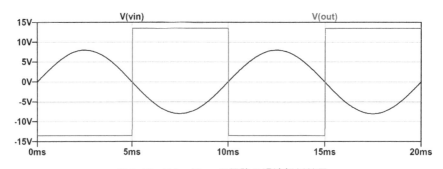

図5-40 コンパレータ回路の過渡解析結果

■ シミュレーション実習（コンパレータ回路）

次に，V_{ip} を 0 V 以外の正の電位に設定したコンパレータ回路を作成します。図5-41の回路を入力してください。新しく出てくる主な事項は次の通りです。

● D1 はツェナーダイオード（Zener diode）です。別名を定電圧ダイオードといい，一定の電圧を得る目的で使用される半導体部品です。カソード側が正電圧となるように，逆電圧をかけて使用します。メーカのデータシートに発生できる定電圧（降伏電圧もしくはツェナー電圧という）とともに，逆電圧を加えて流せる最大電流などの主要な情報が記載されています[8]。

● まず「Component」ボタンまたは F2 から，「zener」というシンボルを選んで回路図上に配置します。シンボル上で右クリックしてダイオードの設定フォームを開き，

....

8　ツェナーダイオードのツェナー電圧 V_Z は，半導体の不純物濃度を調整することで任意に設定できます。単体の部品としてもさまざまな V_Z のものが入手可能です。

「Pick New Diode」ボタンを押し，「1N750」を選択した後にOKボタンを押します。

●R1の素子値を500Ωとします。1N750はデータシート[9]によると，ツェナー電圧 4.7 V，最大逆電流85 mAとなっています。500Ωの抵抗を正電源（Vdd = 15 V）との間に挿入することで流れる電流は，（15 V − 4.7 V）/ 500 Ω≈20 mAとなり，最大電流に比べて余裕をもった動作ができます。

▶ 過渡解析

回路入力が終わったら「Run」ボタンを押して過渡解析を行ってください。電圧プローブは「Vin」と「OUT」のラベル付近に配置してください。図5-42に表示される波形を示します。図の右下にはV(vin)の十字カーソルをV(vin)の波形とV(out)の波形が交差する位置に置いたときの読み取り値を示します。図のようにツェナー電圧に対応して，V(vin) = 4.7 Vを境にしてV(out)の波形が反転し，図5-40よりも出力波形のV_{OH} = +13.5 Vの部分が広がり，正負のパルス幅が非対称になったことがわかります。

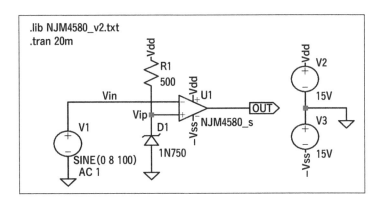

図5-41　ツェナーダイオードを使ったコンパレータ回路（Ex5_9）

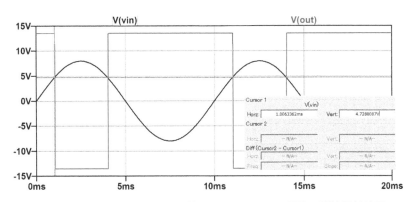

図5-42　ツェナーダイオードを使ったコンパレータ回路の過渡解析結果

9　Microchip社 https://www.microsemi.com/existing-parts/parts/15991

(2) ヒステリシスコンパレータ

ヒステリシスコンパレータは，入力電圧の立ち上がりと立ち下りで出力の変化する閾値電圧が異なる回路で，コンパレータ回路に正帰還をかけることで実現できます。図5-43にOPアンプを使ったヒステリシスコンパレータ回路を示します。信号電圧V_iは反転入力端子に入力し，出力端子から抵抗R_2，R_1により正帰還をかけて，非反転入力端子に電圧V_{ref}を入力する構成になっています。以下，この回路の動作について説明します。

最初に，出力電圧が正の最大出力電圧に飽和しており，$V_O = V_{OH}$とします。このとき，非反転入力端子の電圧V_{ref}はR_2，R_1を用いて次式のような正の値になります。

$$V_{ref}^H = \frac{R_1}{R_1 + R_2} V_{OH} \tag{5.51}$$

ここで入力電圧V_iが0Vから増加していくと考えると，次式の電圧を超える瞬間に出力電圧はV_{OH}から負の飽和電圧V_{OL}に変化します。

$$V_{TH} = \frac{R_1}{R_1 + R_2} V_{OH} \tag{5.52}$$

出力V_{OL}は抵抗R_2，R_1で帰還され，非反転入力端子の電圧V_{ref}は次式のように負の値に変化します。

$$V_{ref}^L = \frac{R_1}{R_1 + R_2} V_{OL} \tag{5.53}$$

このように正帰還によって入力端子間の電位差がいっそう大きくなって，出力電圧は負電圧V_{OL}で安定します。この状態からV_iが減少していき，(5.54)式の電圧を下回った瞬間に出力電圧は，V_{OL}からV_{OH}に変化します。非反転入力端子の電圧V_{ref}は正帰還によって(5.51)式の正の値に変化して，出力がV_{OH}で安定します。

$$V_{TL} = \frac{R_1}{R_1 + R_2} V_{OL} \tag{5.54}$$

以上のように，出力電圧が変化するときの入力電圧を閾値電圧と呼びます。2種類の閾値電圧をまとめると，

> V_{TH}：出力がV_{OH}からV_{OL}に変化する入力電圧
> V_{TL}：出力がV_{OL}からV_{OH}に変化する入力電圧

ということです。

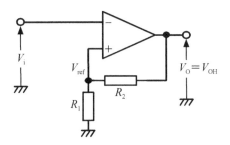

図5-43　OPアンプ式ヒステリシスコンパレータ（反転入力）

　　ここで図5-43の抵抗値を具体的に決めるために，出力電圧V_{OH}，V_{OL}と閾値電圧V_{TH}，V_{TL}の関係を図5-44のように想定します．すなわち，出力電圧の変化幅（$V_{OH} - V_{OL}$）を3等分する点にV_{TH}，V_{TL}を設定します．

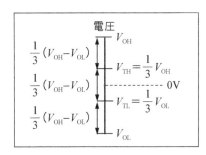

図5-44　出力電圧と閾値電圧の設定条件

簡単のために飽和電圧が次式のように正負対称とすると，

$$V_{OH} = -V_{OL} \tag{5.55}$$

（5.56）式が成立します．

$$V_{TH} = -V_{TL} = \frac{1}{3}V_{OH} \tag{5.56}$$

（5.56）式を（5.52）式に代入して順次変形すると，

$$\frac{R_1}{R_1 + R_2}V_{OH} = \frac{1}{3}V_{OH} \Rightarrow \frac{R_1}{R_1 + R_2} = \frac{1}{3} \Rightarrow \frac{1}{1 + R_2/R_1} = \frac{1}{3} \Rightarrow R_2/R_1 = 2$$

より，

$$R_2 = 2R_1 \tag{5.57}$$

となります．

　　（5.57）式に従い，例えば$R_1 = 1\,\text{k}\Omega$，$R_2 = 2\,\text{k}\Omega$とすると，図5-44のように出力電圧変化幅を3等分した点にV_{TH}，V_{TL}を設定できます．

以上の結果をもとにして，図5-45の回路図を入力してください。「NJM4580」の飽和出力電圧（± 13.5 V）に合わせて，信号源V1は，振幅13.5 Vで100 Hzの正弦波とします。回路の入力が完了したら過渡解析を実行し，ラベル「Vi」「OUT」の付近に電圧プローブを設定して波形を描画すると，図5-46が得られます。V(vi) の入力電圧波形について2本の十字カーソルで閾値電圧を測定した結果を図右下の測定窓に表示しています。この結果，$V_{TH} \approx 4.6$ V，$V_{TL} \approx -4.6$ V，$V_{TH} - V_{TL} \approx 9.2$ Vとなり，出力電圧幅13.5 V × 2 = 27.0 Vに対して，ほぼ1/3の閾値電圧差（ヒステリシス幅）が得られていることが確認できます。

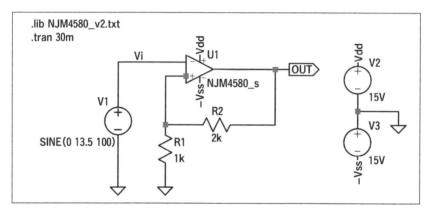

図5-45　ヒステリシスコンパレータ回路（Ex5_10）

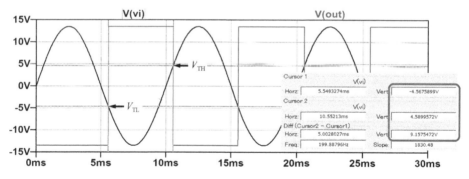

図5-46　ヒステリシスコンパレータの過渡解析結果
右下の測定窓で閾値電圧V_{TH}, V_{TL}を測定している。

次に，図5-45の回路図をもとに，横軸を入力電圧 V(vi)，縦軸を出力電圧 V(out) としたグラフを出力してみます。次の手順で操作してください。

● 回路図の状態で「Run」ボタンを押して過渡解析を開始します。
●「OUT」ラベル付近に電圧プローブを設定すると，横軸時間，縦軸 V(out) の矩形波グラフが出力されます。

- 横軸の目盛上で右クリックして「Horizontal Axis」フォームを開きます。
- 「Quantity Plotted」欄の「time」を「V(vi)」に変更してOKボタンを押すと，横軸を入力電圧V(vi) に変更したグラフになります。
- 適宜，横軸と縦軸の目盛間隔と目盛スパンを変更して見やすくします。

以上の操作で，図5-47のヒステリシス特性図が得られます。初期の入力信号が0 V，出力がV_{OH}とすると，正弦波の信号波形変化にともなって，水色の矢印で示したように，「① ⇒ ② ⇒ ③..........⑦ ⇒ ⑧」の順に出力が推移していきます。このグラフはヒステリシスコンパレータの特性を視覚化するのに大変役立ちます[10]。

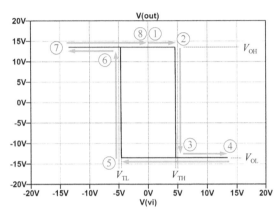

図5-47　入力電圧（横軸）と出力電圧（縦軸）のヒステリシス特性

このように，V_{TL}とV_{TH}の間（不感帯）では，入力信号がノイズなどの影響でゆらいでも，出力がV_{OH}とV_{OL}間をバタバタ繰り返すことはありません。$(V_{TH} - V_{TL})$の幅を**ヒステリシス幅**と呼びます。次にこの効果についてシミュレーションしてみます。

図5-48に回路図を示します。これは図5-45の電圧源V1をビヘイビア電源B1に置き換えたものです。以下の手順で設定してください。

- 図5-45のV1を「Cut」ボタンを押して「はさみ形」カーソルによりV1を削除します。
- 「Component」ボタンまたはF2から，「Select Component Symbol」を開き，bvを選択してOKボタンを押します。これでビヘイビア電圧源B1が回路図に配置できます。
- 配置した電圧源の「V = F(...)」の文字の上で右クリックすると，「Enter new Value」フォームが開くので「V = 8.5*SIN(2*pi*100*time) + 5.0*SIN(2*pi*2k*time)」と記述してOKボタンを押します。これで，振幅8.5 V，100 Hzの正弦波信号に振幅5.0 V，2 kHzの模擬的な外乱信号を重畳させた波形が設定できます。

以上の設定が終わったら過渡解析を実行し，ラベル「Vi」「OUT」の付近に電圧プロー

10　実験で信号波形を観測するときに，オシロスコープをX-Y入力モードに設定して，2個のチャンネルの入力信号電圧をX軸，Y軸に対応させると同様の波形を観測することができます。

ブを設定して波形を描画すると，図5-49の波形図が得られます。これからわかるように，2 kHzの外乱信号が重畳しても，外乱による振幅ゆらぎがV_{TL}とV_{TH}の間（不感帯）を超えない限り，出力信号V（out）がバタつくことはなく，安定に矩形波が出力できることがわかります。

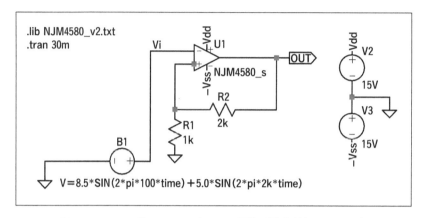

図5-48　ヒステリシスコンパレータ回路（外乱付加：Ex5_11）

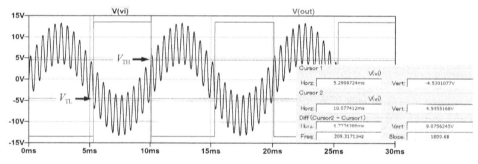

図5-49　ヒステリシスコンパレータの過渡解析結果（外乱付加）
右上の測定窓で閾値電圧V_{TH}，V_{TL}を測定している。

5.7…… 非安定マルチバイブレータ

　先に5.5節で帰還型の正弦波発振回路として，「ウイーンブリッジ発振回路」の説明をしました。一方，「非安定マルチバイブレータ」は矩形波を出力します。このような回路は弛張型発振回路に分類されます[11]。弛張型発振回路とは，出力信号が三角波や矩形波など，正弦波以外の繰り返し信号を発生する回路です。本節では，5.6節で説明した「ヒステリシスコンパレータ」を応用した構成の「非安定マルチバイブレータ」について説明し，その動作をシミュレーション実習で確認します。

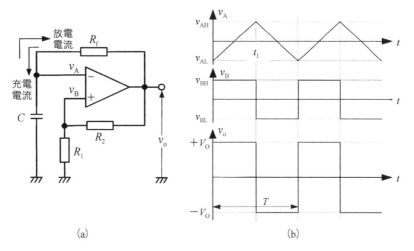

図5-50　非安定マルチバイブレータ回路（a）と，動作波形（b）

　図5-50（a）に示す非安定マルチバイブレータ回路の動作について説明します。OPアンプの出力端子から抵抗R_2，R_1により非反転入力端子に正帰還をかける部分は，前節で説明した「ヒステリシスコンパレータ」の構成です。これに加えて，出力端子に抵抗R_fとキャパシタCの直列回路を接続し，R_fからの帰還電圧を反転入力端子に入力しています。

　はじめ，キャパシタCの電荷が0で，オペアンプの出力電圧v_oは$+V_o$で飽和しているとします。時間の経過ともに，抵抗R_fを通じてキャパシタCに充電電流が流れます。これにより，反転入力端子の電圧v_Aは$+V_o$に向けて増加します，このとき，非反転入力端子の電圧v_Bは，（5.58）式で示す値v_{BH}になっています。

$$v_{BH} = kV_o \tag{5.58}$$

　ただし，

$$k = \frac{R_1}{R_1 + R_2} \tag{5.59}$$

とします。ここでkは，出力電圧V_oに対するヒステリシス半幅の割合で，（5.52）式，（5.54）式のV_{TH}，V_{TL}の式に共通に出てくる係数です。増加している電圧v_Aが，（5.58）式の大きさを上回る瞬間に，出力v_oは$-V_o$に反転します。これと同時に，v_Bは（5.60）式のように，反転した値v_{BL}となります。

$$v_{BL} = -kV_o \tag{5.60}$$

すると，キャパシタCに蓄えられていた電荷によって図5-50(a)に示す放電電流が流れはじめます。これにより，電圧v_Aは$-V_o$に向けて減少します。減少する電圧v_Aが（5.60）式

11　弛張型の原理を説明するときに「ししおどし」が例に出されることがあります。「ししおどし」は，竹筒に水を注ぎ入れて，溜まった水の重みで筒が反転して水が流れ，戻るときに石を打って音を出すようにした装置です。出る音が風流なので，日本庭園などでよく見られます。図5-50に示す「非安定マルチバイブレータ」では，竹筒をコンデンサに，水を電荷に，水量を電圧に置き換えると，電圧が周期的に変化しているという説明ができます。本節のシミュレーションを通じてこのアナロジーを実感してください。

の値を下回る瞬間に，出力 v_o は $+V_o$ に反転します。これらの動作は繰り返されるので，結果として v_A は図5-50(b) のようにほぼ三角波状の波形となり，その最大値 v_{AH}，および最小値 v_{AL} は (5.61)式，(5.62)式のようになります。

$$v_{AH} = kV_o \tag{5.61}$$

$$v_{AL} = -kV_o \tag{5.62}$$

また出力 v_o は，図5-50(b) のように，$\pm V_o$ の振幅をもった矩形波になります。ここで，$\pm V_o$ はオペアンプの出力の最大値（飽和出力電圧）です。

次に，図5-50(a) の非安定マルチバイブレータの発振周期について，図5-51のCR直列回路を使って考えます。図において電源 V_o はOPアンプの出力電圧を，R_f，C は図5-50(a) の負帰還部の直列素子に相当します。また，OPアンプの反転入力端子のインピーダンスは大きいので開放除去しています。

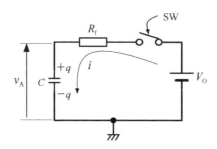

図5-51　CR直列回路の過渡応答計算図

図の回路において，$t = 0$でSWを閉じて直流電圧を印加した場合の過渡応答を計算します。まずキルヒホッフの電圧則により，(5.63)式が成り立ちます。

$$R_f i + v_A = V_o \tag{5.63}$$

また，キャパシタ C の電圧は，$v_A = \dfrac{1}{C}\displaystyle\int_0^t i\,dt$ なので，次式のようになります。

$$i = C\frac{dv_A}{dt} \tag{5.64}$$

(5.64)式を (5.63)式に代入して，回路方程式として (5.65)式が得られます。

$$R_f C\frac{dv_A}{dt} + v_A = V_o \tag{5.65}$$

次に，微分方程式 (5.65) を解きます。

(a) 定常解

定常状態では，$dv_A/dt = 0$なので，(5.65)式より次式が定常解になります。

$$v_A = V_o \tag{5.66}$$

（b）過渡解

（5.65）式の左辺＝0とおくと，次式が得られます。

$$R_\mathrm{f} C \frac{dv_\mathrm{A}}{dt} + v_\mathrm{A} = 0 \tag{5.67}$$

この式を変数分離形にすると，次式のようになります。

$$\frac{dv_\mathrm{A}}{v_\mathrm{A}} = -\frac{1}{R_\mathrm{f} C} dt \tag{5.68}$$

（5.68）式の両辺を不定積分して，定数 A' を用いると，$\ln v_\mathrm{A} = \dfrac{-t}{R_\mathrm{f} C} + A'$ となります。この式より過渡解として（5.69）式が求まります。ただし，定数を $A = e^{A'}$ としました。

$$v_\mathrm{A} = A e^{\frac{-t}{R_\mathrm{f} C}} \tag{5.69}$$

（c）一般解

（5.66）式と（5.69）式の足し合わせにより，一般解 $v_A(t)$ は次式のようになります。

$$v_\mathrm{A}(t) = V_0 + A e^{\frac{-t}{R_\mathrm{f} C}} \tag{5.70}$$

C の初期電圧を，非安定マルチバイブレータの性質から

$$v_\mathrm{A}(0) = -kV_\circ \tag{5.71}$$

とすると，これと（5.70）式より，

$$V_0 + A = -kV_\circ \quad \Rightarrow \quad A = -(1+k)V_\circ$$

この A を（5.70）式に代入して，求める解 $v_\mathrm{A}(t)$ は次式のようになります。

$$v_\mathrm{A}(t) = V_\circ - (1+k)V_\circ e^{\frac{-t}{R_\mathrm{f} C}} \tag{5.72}$$

ここで，非安定マルチバイブレータの性質から，$v_\mathrm{A}(t)$ が図5-50（b）のように，$t = t_1$ で最大値となるので，

$$v_\mathrm{A}(t_1) = kV_\circ \tag{5.73}$$

が成立します。（5.73）式と（5.72）式より，次式が成立します。

$$V_\circ - (1+k)V_\circ e^{\frac{-t_1}{R_\mathrm{f} C}} = kV_\circ \tag{5.74}$$

次に，（5.74）式を順次変形して t_1 を求めます。

$$1 - (1+k) e^{\frac{-t_1}{R_\mathrm{f} C}} = k \quad \Rightarrow \quad (1+k) e^{\frac{-t_1}{R_\mathrm{f} C}} = 1 - k$$

$$\Rightarrow \quad e^{\frac{-t_1}{R_\mathrm{f} C}} = \frac{1-k}{1+k} \quad \Rightarrow \quad -\frac{t_1}{R_\mathrm{f} C} = \ln\left(\frac{1-k}{1+k}\right) \quad \Rightarrow \quad -t_1 = R_\mathrm{f} C \ln\left(\frac{1-k}{1+k}\right)$$

したがって，t_1 は次式のようになります。

$$t_1 = R_\mathrm{f} C \ln\left(\frac{1+k}{1-k}\right) \tag{5.75}$$

非安定マルチバイブレータの発振周期は，図5-49(b) のように$T = 2t_1$と考えられるので (5.76)式が得られます。

$$T = 2R_{\mathrm{f}}C \ln\left(\frac{1+k}{1-k}\right) \tag{5.76}$$

また，発振周波数fは，Tの逆数なので（5.77）式のようになります。

$$f = \frac{1}{T} = \frac{1}{2R_{\mathrm{f}}C \ln\left(\frac{1+k}{1-k}\right)} \tag{5.77}$$

● シミュレーション実習（非安定マルチバイブレータ）

図5-45のヒステリシスコンパレータをもとに，$k = R_1/(R_1 + R_2) = 1/3$で，発振周期$T = $ 1 ms（周波数$f = 1$ kHz）の非安定マルチバイブレータを設計します。(5.76)式においてR_{f} とCの片方は任意に決めてよいので，$R_{\mathrm{f}} = 10$ kΩ としてCを決めます。

(5.76)式の右辺にこれらの値を代入すると，

$$2\times10^4 C\cdot\ln\left(\frac{1+\dfrac{1}{3}}{1-\dfrac{1}{3}}\right) = 2\times10^4 C\cdot\ln 2 \approx 1.39\times10^4 C$$

したがって，

$$T = 10^{-3} = 1.39\times10^4 C \text{ より，} \quad C = \frac{10^{-7}}{1.39} \approx 72\times10^{-9} = 72 \text{ nF}$$

となります。

以上の，$R_{\mathrm{f}} = 10$ kΩ，$C = 72$ nF を使って入力した回路図を図5-52に示します。過渡解析における発振開始の「種」を与えるために，A点の電圧を「.ic V(A) = −4.5 V」と設定していることに注意してください。これは，(5.62)式において，$v_{\mathrm{AL}} = -kV_{\mathrm{o}} = -(1/3)\times13.5 \text{ V} = -4.5 \text{ V}$に対応させたものです。

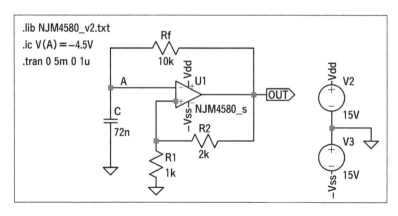

図5-52　非安定マルチバイブレータ回路（Ex5_12）

図5-53に過渡解析の結果を示します。電圧プローブを「OUT」,「A」に設定しています。また, V(a)の波形に対して十字カーソルを2本設定して波形の周期を測定しました。

グラフ右下の測定窓にカーソルクロス点のデータが表示されています。この結果, 波形の周期が約1.05 ms, 周波数955 Hzとなっています。設計値の1 ms, 1 kHzに近い結果が確認できます。またV(a)のピーク値は約4.69 Vと表示されています。設計値は (5.61)式より,

$$v_{AH} = kV_0 = (1/3) \times 13.5 \text{ V} = 4.5 \text{ V}$$

なので, これとほぼ近い値となっています。

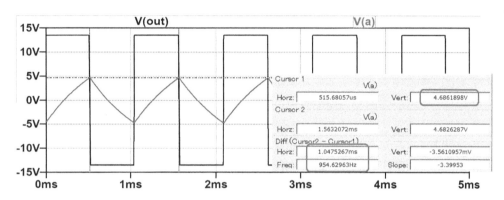

図5-53 非安定マルチバイブレータの発振波形

OPアンプ略史

OPアンプはトランジスタやFETと違ってバイアスを気にせずに回路設計ができるのでとても便利で,アナログ回路設計で最も広く使われています。ここではOPアンプが発展してきた概略の経緯を年代順に説明します。

● **1941年:真空管式負帰還増幅器の発明**

ベル研究所のKarl Swartzel(米国)が特許出願し,1946年に特許認可(USP2, 401, 779)されました。単一の反転入力だけを備えたDC結合,高利得,負帰還式の増幅器でした。

● **1953年:真空管式OPアンプ**(図C4-1)

George A. Philbrick Researches(GAP/R社,米国)が最初の真空管式OPアンプ(K2-W型)を発表し,約20年間販売されました。8本ピンのソケット上に2本の双三極真空管(12AX7)が実装されており,片方は初段の差動入力ペア用で,他方は2段目(出力段)の増幅用です。電源±300 V,差動利得84 dBで動作しました。

● **1963年:ディスクリートIC式OPアンプ**(図C4-2)

回路基板上にトランジスタや抵抗を実装したOPアンプIC(型名P45)がGAP/R社から発表されました。電源±15 V,差動利得94 dB,入出力振幅±10 Vで動作しました。

● **1963年:モノリシックIC式OPアンプ**

Fairchild社のBob Widlar(米国)が設計したOPアンプ(型名μA702)が発表されました。これは,OPアンプの主要回路が半導体基板上に集積されたものでした。ただし正負非対称電源,低差動利得ほかの問題があり,1965年に同じくBob Widlarがこれらの課題を解決したμA709(電源±15 V,差動利得94 dB,入出力振幅±10 V)を発表してから,本格的にモノリシックIC式OPアンプの全盛時代を迎えることになりました。

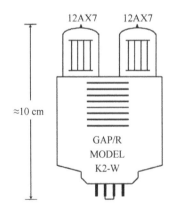

図C4-1 真空管式OPアンプ
(出典:GAP/R社)

図C4-2 ディスクリートIC式OPアンプ
(出典:GAP/R社)

● **1968年：μA741の発表**（図C4-3）

　米国Fairchild社がμA741を発表しました。モノリシックIC内部に位相補償用コンデンサ（30 pF）を集積していることから大変使いやすいOPアンプとして有名になりました。同じ「741」の型番をつけた製品が合計10社以上から発売され，現在に至るまで製造が続けられている定番OPアンプでもあります。

図C4-3　初期のμA741の外観（左）と，パッケージ内部のチップ写真（右）

● **1970年：FET-OPアンプの発表**

　入力段がJFET（接合型FET）で構成された，高速で低入力電流が実現できるOPアンプが発表されました。1980年代には現在に続くMOS-FET式に変わっていきました。

● **最近の動向**

　近年，デジタル回路と同様にアナログ回路の動作電圧が低下し，低電源電圧（5 V ⇒ 3.3 V ⇒ 1.8 V）化が進み，しかも単電源で動作するOPアンプが開発・販売されています。また，電源電圧範囲内での信号範囲を最大化するために，rail-to-rail出力（出力信号が正負電源電圧範囲いっぱいに出力されるもの）や，rail-to-rail入力（正負電源電圧範囲いっぱいの電圧を入力できるもの）対応の製品も登場しています。

memo

第6章 直流電源回路

　電子回路を動作させるためには，直流電源が必要です。電池を用いることにより簡単に安定な直流電源を実現できます。電池は小型の携帯用端末などには多く用いられていますが，汎用性に欠けています。一方，家庭には一般に100Vの交流電圧が送られてきています。さまざまな電子回路は，直接100Vの交流電圧で動作させるようには設計されていません。本章では，電子回路を動作させるのに必要な直流電圧を作り出す電源回路の仕組みと設計法について，LTspiceを使った実習を通して学びます。

6.1⋯⋯直流電源回路の構成

　本章で取り扱う電源回路は制御形電源回路とスイッチング電源回路に分けられます。本節ではこれらの概要について説明します。

（1）制御形電源回路

　図6-1は制御形電源回路の構成を示したものです。変圧回路は100Vの交流電圧を必要とする交流電圧（数V〜20V程度）に下げる回路で，変圧器が使われます。電圧を下げても交流のままではトランジスタ，FET，OPアンプなどには使えないので，これを直流に変換するのが整流回路です。整流回路にはダイオードの整流作用が利用されます。ダイオードで整流しただけでは交流分が多く含まれていて使えないので，交流分を取り除いてきれいな直流に変換する回路が平滑回路です。簡単な平滑回路ではキャパシタやインダクタが使われます。より安定な直流電圧を得るには，トランジスタやICを使った安定化回路が使われます。安定化回路を使うと，負荷や電源電圧が変化しても負荷に加わる電圧を一定にできます。

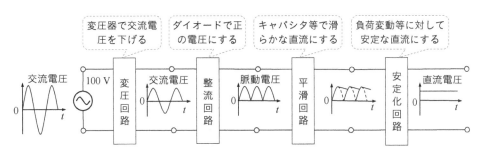

図6-1　制御形電源回路の構成

（2）スイッチング電源回路

制御形電源回路では負荷以外での電力の損失が大きく，損失が熱になって放出されま

す。また，変圧回路や整流回路を損失の分だけ余裕をもって作る必要があり，電源が大型化する原因になります。この問題を解消する方式としてスイッチング電源が考案されました。スイッチのON/OFFを繰り返すことによる制御をスイッチング（switching）と呼びます。スイッチングによって電圧を調節する原理を図6-2により説明します。この回路では直流電源Eと負荷抵抗Rの間にスイッチSがあります。このスイッチを繰り返しON/OFFしたとします。このとき負荷抵抗の両端の電圧はスイッチがONするとEとなり，OFFのときには0となります。負荷抵抗にかかる電圧の平均値$\overline{v}_\mathrm{o}$は，オンしている時間をT_ON，オフしている時間をT_OFFとすると，

$$\begin{aligned}
\overline{v}_\mathrm{o} &= \frac{1}{T_\mathrm{ON} + T_\mathrm{OFF}} \int_0^{T_\mathrm{ON}} E\,\mathrm{d}t = \frac{T_\mathrm{ON}}{T_\mathrm{ON} + T_\mathrm{OFF}} E \\
&= \frac{T_\mathrm{ON}}{T} E
\end{aligned} \tag{6.1}$$

となります。ここで，$T = T_\mathrm{ON} + T_\mathrm{OFF}$をスイッチング周期と呼びます。図6-2（右）のようにON時間（T_ON）を大きくすると平均電圧$\overline{v}_\mathrm{o}$を大きくできます。

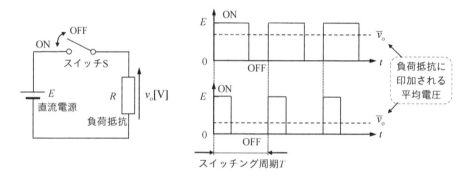

図6-2　スイッチングによる電圧制御の原理

6.2 ….. 整流回路

　最も簡単な整流回路はダイオードを1個使った「半波整流回路」です。これについては先に図2-19で説明しました。半波整流回路は正弦波状の入力電圧のうち正の半周期分しか利用しないので，回路としての整流効率が悪く，また平滑回路を通しても「リップル」と呼ばれる変動成分が残りやすいなどの理由であまり使われません。本節では，実際によく使われる方式として，「全波整流回路」と，「倍電圧整流回路」について説明します。

（1）全波整流回路

　全波整流回路はダイオードを4個使うことで，正弦波状の入力電圧の全周期の整流を可能としています。図6-3(a)は回路の構成と入力電圧v_i，出力電圧v_oと，回路から出力される電流iを示しています。また図6-3(b)は，電流経路を示します。入力電圧が正のときは

赤の実線矢印のように，交流電源 $\Rightarrow D_1 \Rightarrow R_L \Rightarrow D_4 \Rightarrow$ 交流電源の経路で電流が流れます。また入力電圧が負のときは青の破線矢印のように，交流電源 $\Rightarrow D_3 \Rightarrow R_L \Rightarrow D_2 \Rightarrow$ 交流電源の経路で電流が流れます。このように，交流電源の符号に応じて導通するダイオードのペアが切り替わり，負荷抵抗には常に同じ方向に電流が流れます。以上の結果，負荷抵抗に供給される電圧波形は図6-4に示すような正弦波の絶対値波形になります。整流回路の効率は，交流電源から供給される電力 P_{AC} のうち，負荷に供給される直流電力 P_{DC} の割合で定義されます。次に，全波整流回路の整流効率を計算します。

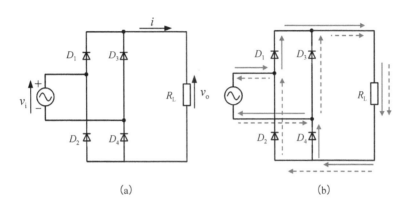

(a)　　　　　　　　　　　　　　　(b)

図6-3　全波整流回路の回路構成（a）と電流経路（b）
（実線の矢印は正電圧入力時の電流経路，破線の矢印は負電圧入力時の電流経路）

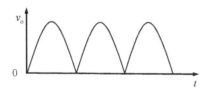

図6-4　全波整流波形

交流入力電圧 v_i の波形を
$$v_i(\omega t) = V_M \sin(\omega t) \tag{6.2}$$
とします。順方向における4つのダイオードの微分抵抗を等しく r_D とすると，$v_i > 0$ の半周期に負荷 R_L に流れる電流 i の波形は，
$$i(\omega t) = \frac{V_M}{2r_D + R_L} \sin(\omega t) \tag{6.3}$$
となります。一方，負荷電流の平均値 $\bar{i}$ は，
$$\bar{i} = \frac{1}{\pi} \int_0^\pi i(\omega t) d(\omega t) = \frac{1}{\pi} \frac{V_M}{2r_D + R_L} \int_0^\pi \sin(\omega t) d(\omega t)$$

$$= \frac{2}{\pi} \cdot \frac{V_\mathrm{M}}{2r_\mathrm{D} + R_L} \tag{6.4}$$

となります。次に，交流電源から供給される電力 P_AC は，

$$P_\mathrm{AC} = \frac{1}{\pi} \int_0^\pi v_\mathrm{i}(\omega t) i(\omega t) d(\omega t) = \frac{1}{\pi} \cdot \frac{V_\mathrm{M}^2}{2r_\mathrm{D} + R_\mathrm{L}} \int_0^\pi \sin^2(\omega t) d(\omega t)$$

$$= \frac{1}{2} \cdot \frac{V_\mathrm{M}^2}{2r_\mathrm{D} + R_\mathrm{L}} \tag{6.5}$$

となります。一方，負荷に供給される直流電力 P_DC は，

$$P_\mathrm{DC} = \overline{i}^2 R_\mathrm{L} = \frac{4}{\pi^2} \left(\frac{V_\mathrm{M}}{2r_\mathrm{D} + R_\mathrm{L}} \right)^2 R_\mathrm{L} \tag{6.6}$$

となります。したがって，全波整流回路の整流効率 η は，$2r_\mathrm{D} \ll R_\mathrm{L}$ という条件で近似すると，

$$\eta = \frac{P_\mathrm{DC}}{P_\mathrm{AC}} = \frac{8}{\pi^2} \cdot \frac{R_\mathrm{L}}{2r_\mathrm{D} + R_\mathrm{L}} \approx \frac{8}{\pi^2} \approx 0.811 \tag{6.7}$$

となります。半波整流回路について同様の計算をすると，整流効率は0.405と，半分の値になります。このように，全波整流回路では正弦波の全周期を利用できるので，半波整流回路より整流効率が大幅に改善され，より直流に近い出力電圧が供給できるのです。

■ シミュレーション実習（全波整流回路）

以下の点に注意して，図6-5の全波整流回路を入力してください。

- 整流用ダイオードは「1N4007」を使います。逆耐圧1000 V，平均順電流1.0 A（ピーク電流30 A）という特性をもっており，整流ダイオードとしては定番の素子です。
- 「1N4007」のSPICEモデルは，On Semiconductor社のWebサイトからPSpice用のモデルを入手し，「1N4007.REV0.LIB」を「1N4007.REV0.txt」というファイル名で作業フォルダに置きます。
- 交流電源V1は接地されていないので，電圧波形をプロットするために「P」「N」というラベルを設定します。
- V1は周波数60 Hz，振幅100 V $\times \sqrt{2} \approx 141$ Vとして，実効値 $V_\mathrm{rms} = 100$ Vの電圧波形を作ります。
- 「.tran」ディレクティブにより，100 ms～200 msの波形を観測します。
- 回路図を入力したら，適当な名前をつけて，1N4007のSPICEモデルと同じ作業フォルダに保存します。

過渡解析で得られた波形を図6-6に示します。上のV(P，N)は交流電源の波形です。ラベル「N」の点にReferenceプローブを設定して観測しています。下のV(out)は全波整流波形で，図6-4に相当するものです。十字カーソルを使った測定では，ピーク電圧139.6 Vとなっています。「1N4007」のデータシートによると，ダイオードの順電圧 $V_\mathrm{F} = 1.1$ Vです。ピーク電圧141 Vに対してダイオード（正の半周期ではD1，負の半周期ではD3）による順電圧1.1 Vを引くと約139.9 Vとなるので，妥当なピーク電圧といえます。

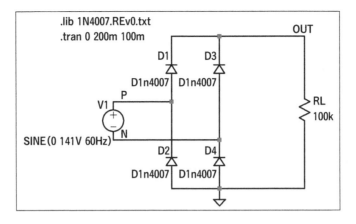

図6-5　全波整流回路（Ex6_1）

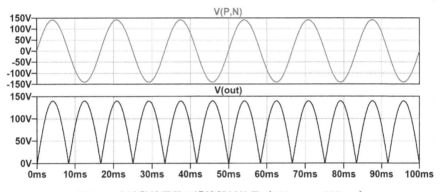

図6-6　全波整流回路の過渡解析結果（100 ms〜200 ms）

　次に，負荷抵抗R_Lの手前に「平滑回路」用のキャパシタを並列に挿入した回路を図6- 7
に示します。この並列回路のインピーダンスは，

$$Z = \frac{\dfrac{R_L}{j\omega C}}{R_L + \dfrac{1}{j\omega C}} = \frac{R_L}{1 + j\omega C R_L} \tag{6.8}$$

となります。交流の脈動電圧成分に対しては，バイパスキャパシタとして作用して負荷電
圧の変動を減らします。ローパスフィルタとしての遮断周波数f_Cは，（6.8）式の分母に着
目して，$\omega C R_L = 1$とすると，

$$f_C = \frac{1}{2\pi C R_L} \tag{6.9}$$

となります。図6-7では，$R_L = 100\ \text{k}\Omega$，$C = 1.59\ \mu\text{F}$としています。（6.9）式にこれを代入
すると，

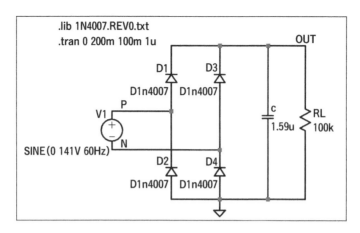

図6-7　平滑回路を付加した全波整流回路（Ex6_11）

$$f_C \approx \frac{1}{2 \times 3.14 \times 1.59 \times 10^{-6} \times 10^5} \approx \frac{1}{10.0 \times 10^{-1}} \approx 1\ \mathrm{Hz} \tag{6.10}$$

となります。電源の周波数60 Hz，および絶対値波形の繰り返し周波数120 Hzに対して遮断周波数を十分低く設定して，脈動成分の低減効果を高めるように考慮しています。

　100 ms〜200 msの区間の過渡解析で得られる波形図を図6-8に示します。上のグラフが負荷電圧V(out)と電源電圧V(P, N)です。平滑回路の効果で，図6-6で見られたV(out)の脈動電圧波形がなめらかな波形に変化していることがわかります。下のグラフはキャパシタを流れる電流I(C)です。正の電流値はキャパシタに流れ込む成分を表しています。電源周波数の2倍の周波数で，間欠的にキャパシタへの充電電流が発生していることがわかります。これは図6-6に示した絶対値波形V(out)がピークになる直前で，キャパシタの電圧を上回る正の電圧値に到達し，キャパシタへの充電が行われるためです。これ以外の大部分の区間ではキャパシタの電流は−1.4 mAと読み取れます。これは充電されたキャパシタの電圧が全波整流された波形の電圧値を上回っている区間において，キャパシタから負荷に電流が供給されるためです。この区間ではキャパシタの放電にともなって，V(out)の波形がなだらかに下降しています。V(out)の波形を十字カーソルで読み取ると，ピーク電圧は約140 Vです。この値は交流電源V1の振幅141 Vから1 V低下した値です。したがって，平滑化回路を付加した全波整流回路で得られる直流電圧は，ほぼ入力電圧の振幅V_Mとなることがわかります。また，十字カーソルを使った測定によると，V(out)の脈動幅は6.3 Vpp，平均電圧は137 Vです。よってリップル率は[1]，6.3/137 = 0.046 = 4.6%となります。

1　リップル率γは，出力電圧成分のゆらぎ全幅V_{ripple}と平均電圧V_oの比で，$\gamma = V_{ripple}/V_o$と定義します。（出典：電子回路ハンドブック，pp.233-234，朝倉書店，2006）

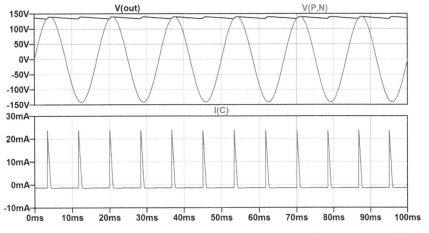

図6-8　平滑回路を付加した全波整流回路の過渡解析結果（100 ms〜200 ms）

（2）倍電圧整流回路

　倍電圧整流回路の構成を図6-9（a）に示します。この回路にはダイオードが2個ありますが，これらの順方向電圧を0 Vとみなして回路の動作説明をします。この回路は，図のC点の直流電圧を全波整流回路に比べて2倍にすることができます。キャパシタC_1の静電容量が十分に大きい場合，図のように定常的にC_1には直流電圧V_Mがかかります。ここでV_Mは交流電圧v_iの振幅です。図6-9（b）のように，A点にはグラウンド電位（0 V）を基準に$\pm V_M$の振幅をもつ電圧波形が加わります。A点の入力電圧波形は，C_1を通ることで$+V_M$だけシフトして，図（b）下の波形図のように，0 Vから$+2V_M$まで変化する信号に変わります。キャパシタC_1に直流電圧V_Mが定常的に発生しているのは，交流電圧の電圧出力が負でA点の電圧が$-V_M$になるたびにダイオードD_1がONになってC_1を充電するからです。このB点の波形は，ダイオードD_2，キャパシタC，および負荷R_Lよりなる半波整流・平滑回路によって平滑化された電圧v_oに変換されます。ダイオードD_2がONになるのはB点の電圧がピークの付近でC点の電圧よりも高い部分だけです。ピーク電圧までキャパシタ

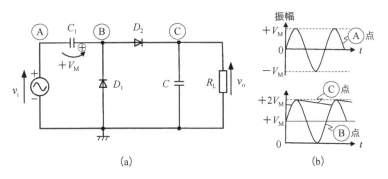

図6-9　倍電圧整流回路の構成（a）と，各部の電圧波形（b）

Cが充電された後は，負荷R_Lにより緩やかに放電が進んで電位が低下しますから，C点の波形は図(b) のような脈動波形となります。脈動のリップルはキャパシタCの静電容量が大きいと小さくなります。この脈動振幅が十分小さいと考えると，出力電圧v_oは$2V_M$となり，全波整流回路の2倍の電圧になります。

▧ シミュレーション実習（倍電圧整流回路）

図6-10の回路図を入力してください。以下に主な考慮点を列挙します。

- ダイオードは全波整流回路（図6-7）のときと同じく，「1N4007」を2個使用します。
- キャパシタC_1は安定に電圧シフトの機能をもたせ，60 Hzの交流信号に対しては十分にインピーダンスを低くするという観点で，平滑キャパシタCよりも1桁大きな静電容量（15.9 μF）とします。この場合，インピーダンスによる抵抗値は，

$$|Z_{C1}| = \frac{1}{\omega C_1} \approx \frac{1}{2\pi f C_1} \approx \frac{1}{2 \times 3.14 \times 60 \times 15.9 \times 10^{-6}} \approx \frac{1}{5.99 \times 10^{-3}} \approx 167\,\Omega$$

となり，負荷抵抗R_L（100 kΩ）に比べて十分小さいので，交流電源V1から供給される電流による電圧降下は無視できます。

- 平滑キャパシタC，負荷抵抗R_Lの素子値は全波整流回路の場合と同じにします。
- 図6-9(a) のA，B，C点に対応して，ラベル「IN」，「MID」，「OUT」を配置します。
- 回路図を入力したら，適当な名前をつけて，1N4007のSPICEモデルと同じ作業フォルダに保存します。

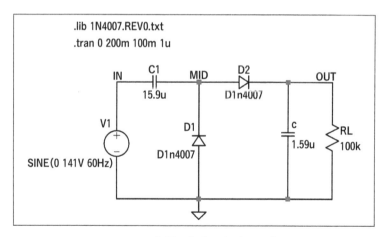

図6-10 倍電圧整流回路（Ex6_2）

以上の設定が終わったら，過渡解析を実行します。電圧プローブを「IN」，「MID」，「OUT」に設定し，電流プローブを平滑キャパシタCに設定します。得られたグラフを整形した結果を図6-11に示します。V(in) は入力電圧でグラウンド（0 V）を中心とする，振幅141 V（実効値100 V），60 Hzの正弦波電圧です。V(mid) は，キャパシタC_1で正方

向にシフトされた正弦波信号です。また，V（mid）は，V（mid）を半波整流・平滑化した負荷電圧波形です。十字カーソルで読み取ると，V（mid），およびV（out）のピーク値は279 Vです。平滑回路を付加した全波整流回路（図6-8）の出力電圧のピーク値は，約140 Vであったので，今回の回路では2倍の電圧が得られることが確認できます。

さらにI（C）の波形は平滑キャパシタCに流れる電流で，正の値は充電を表し，負の値は放電を表しています。V（mid）の振幅がV（out）の電圧値に到達したタイミングで充電が周期的に行われること，これ以外の区間では−2.7 mA程度で放電が生じていることがわかります。また，十字カーソルで測定すると，V（out）の脈動幅は24.8 V_{PP}，平均電圧は266 Vです。したがって出力電圧のリップル率は24.8/266≈0.093 = 9.3 %です。これは全波整流回路のシミュレーション結果で求めた値（4.6 %）の約2倍の値です。これは，ダイオードD2で半波整流が行われるので，平滑キャパシタCへの充電周期が倍の時間間隔に延びたためです。

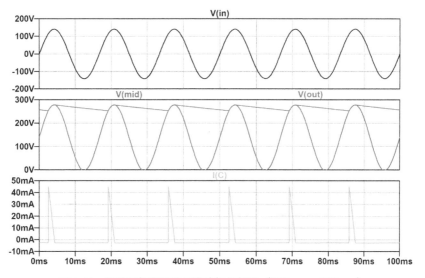

図6-11　倍電圧整流回路の過渡解析結果（100 ms〜200 ms）

6.3 ····· リニア方式安定化回路

安定化回路は，平滑回路で直流にした出力に残ったリップル成分を抑制したり，負荷電流の変化にともなって負荷電圧が変化するのを防止する回路で，レギュレータ（regulator）と呼ばれることもあります。ここでは電圧の変動を回路の電圧降下で制御するリニアレギュレータのうち，直列制御形（以降シリーズレギュレータと呼びます）について動作原理を説明し，シミュレーション実習でその動作を確認します。

(1) シリーズレギュレータの原理

図6-12は入力電圧V_iと負荷抵抗R_Lの間に可変抵抗R_Xを直列に挿入した回路です。安定化回路は，負荷にかかる電圧を一定に保つように動作します。負荷電圧V_oは次式のように2つの抵抗値によって分圧されます。

$$V_o = \frac{R_L}{R_X + R_L} V_i \tag{6.11}$$

今，入力電圧V_i，出力電圧V_o，負荷抵抗R_Lから可変抵抗R_Xを求めることを考えて，(6.11) を変形すると，

$$R_X = \left(\frac{V_i}{V_o} - 1 \right) R_L \tag{6.12}$$

が得られます。(6.12)式を使うと，入力電圧V_iや負荷抵抗R_Lが変化しても，抵抗値R_Xを調整することで一定の負荷電圧V_o(ただし$V_o < V_i$) が得られます。シリーズレギュレータでは，可変抵抗で消費される電力が熱になってしまいます。このために回路の入出力間の電力効率[2]としては不利ですが，簡便に出力電圧が安定化できるという利点があります。

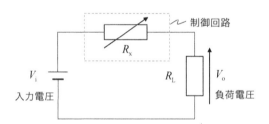

図6-12　シリーズレギュレータの原理

(2) トランジスタ式シリーズレギュレータ

実際のシリーズレギュレータでは，図6-12の可変抵抗の役割をトランジスタやFETが担います。これらの半導体を見かけ上可変抵抗のように動作させて電圧降下を制御することで，負荷電圧が一定になるように自動調整します。基本的な構成を図6-13に示します。この回路では，「基準電圧」と出力電圧から「検出回路」で取り出した電圧を「比較回路」で比較して，その差がなくなるように制御回路（可変抵抗としてのトランジスタやFET）で調整することで，出力電圧を一定にします。以下，具体的な回路例を図6-14に示して，動作の概要を説明します。

2　電源の電力効率は，入力電力に対する出力電力の比です。

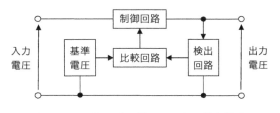

図6-13　シリーズレギュレータの基本構成

　図6-14の回路中には図6-13の機能ブロックに対応する回路要素を破線枠で表示しています。基準電圧はツェナーダイオードD_Zに抵抗R_2を通じて逆電圧をかけて生じる「ツェナー電圧V_Z」として作成しています。出力電圧の検出は，2個の直列抵抗R_3，R_4の接続点より得られる分圧電圧$V_4 = R_4/(R_3 + R_4)V_o$として，取り出しています。Tr_2は基準電圧V_Zと，検出電圧V_4を比較し，両者の大小関係に応じて，可変抵抗として機能するTr_1のベース電流を制御し，結果的にTr_1のエミッタ電流I_{E1}を調節することで，負荷電圧V_oを一定になるように自動制御します。

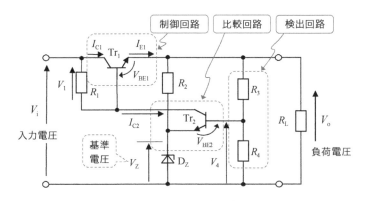

図6-14　トランジスタ式シリーズレギュレータの回路例

具体例的な動作を，順を追って説明します。
　①何らかの理由で負荷電圧V_oが減少したとします。
　②検出電圧$V_4 = R_4/(R_3 + R_4)V_o$が低下して，Tr_2のベース電位が低下します。
　③Tr_2のエミッタ電位は一定値V_Zなので，図のV_{BE2}が減少して，Tr_2のベース電流が減少します。結果として，コレクタ電流I_{C2}が減少します。
　④I_{C2}の減少によって，R_1の電圧降下V_1が減少します。
　⑤Tr_1のV_{BE1}が増加し，ベース電流が増加します。結果として，Tr_1のコレクタ電流I_{C1}，エミッタ電流I_{E1}が増加します。これはTr_1のCE間抵抗が減少したことを意味します。
　⑥負荷抵抗R_Lに流れる電流が増え，負荷電圧V_oは増加します。
　最初に負荷電圧V_oが増加した場合は，上記①〜⑥とは逆の変化が起こり，負荷電圧を

安定化させます。以上の説明から，Tr_1のCE間が見かけ上可変抵抗として動作し，負荷電圧を安定化することがわかります。図6-14の回路における負荷電圧V_oは，R_3を流れる電流のうちTr_2のベース電流が無視できるとすると，

$$V_o = \frac{R_3 + R_4}{R_4} \cdot V_4 = \left(1 + \frac{R_3}{R_4}\right) \cdot (V_Z + V_{BE2}) \tag{6.13}$$

となります。

(3) 負帰還式シリーズレギュレータ

図6-14のシリーズレギュレータは，(6.13)式からV_{BE2}が一定であれば，負荷電流によらず負荷電圧を一定に保てますが，実際には動作温度などによってV_{BE2}が若干変動します。そこで，負帰還を用いて負荷電圧を自動制御する方式について説明します。

図6-15は，シリーズレギュレータにOPアンプを用いて負帰還回路を構成しています。具体的には，OPアンプの出力にエミッタホロワのTr_1を追加して，R_2，R_3により負帰還回路を構成した非反転増幅回路となっています。非反転入力端子には，基準電圧V_Zを入力して，一定の出力電圧を維持する仕組みです。OPアンプの入力端子間電圧V_dは仮想短絡により0Vになります。したがって，出力電圧をR_2，R_3で分圧した電圧と，V_Zが一致します。よって負荷電圧（出力電圧）は，

$$V_o = \frac{R_2 + R_3}{R_3} V_Z = \left(1 + \frac{R_2}{R_3}\right) V_Z \tag{6.14}$$

と表されます。(6.14)式より，負荷電圧V_oは，基準電圧V_Zに抵抗値R_2，R_3で定まる係数を乗じた値となり，入力電圧V_iや，V_{BE1}によらず一定となります。

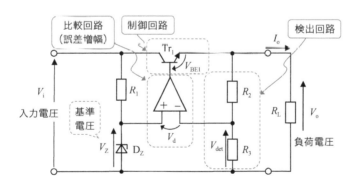

図6-15　負帰還式シリーズレギュレータの回路例

図6-15の負帰還式シリーズレギュレータは，ツェナーダイオードに流れる電流が出力電流I_oと直接には関係ないので，基準電圧V_Zの負荷電流依存性がありません。OPアンプは検出電圧V_{det}とV_Zの差（誤差電圧V_d）を増幅すると同時に，この誤差をゼロにするように負荷電圧を制御することから，「誤差増幅器」と呼ばれます[3]。図6-14，図6-15のシリーズレギュレータは，負荷が短絡したときは制御回路用のトランジスタTr_1に過大な電流

が流れてしまうので，大きなコレクタ電流が流せるトランジスタを選定する必要があります。また，本書では説明を省略しますが，負荷短絡に備えて「過電流保護回路」の組み込みを考慮する必要もあります。

▨ シミュレーション実習（シリーズレギュレータ）

（1）トランジスタ式シリーズレギュレータ

シミュレーションに向けて，図6-16の回路図の素子パラメータを求めます。

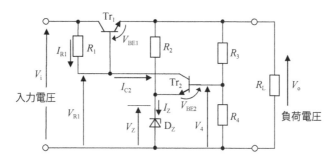

図6-16　トランジスタ式シリーズレギュレータの回路

〈前提条件〉

- 入力電圧 V_i = 10 V，負荷電圧 V_o = 8.0 V（R_L = 500 Ω，R_4 = 8 kΩ）とします。
- トランジスタ Tr1, Tr2：2N3904を使い，V_{BE1} = V_{BE2} = 0.7 V，I_{C2} = 0.5 mAとします。
- ツェナーダイオード D_z：1N5231（V_Z = 5.1 V@I_Z = 20 mA）を使います。SPICEモデルはON semiconductor 社のWebサイトから入手できます。1.3節の「2N7000」の事例を参考にしてください。

〈抵抗値 R_1，R_2，R_3 の決定〉

V_{R1} = V_o + V_{BE1} = 8.0 + 0.7 = 8.7 V であり，$I_{R1} \approx I_{C2}$ = 0.5 mA と近似すると，

$$R_1 = \frac{V_i - V_{R1}}{I_{R1}} \approx \frac{10\,V - 8.7\,V}{0.5\,mA} = 2.6\,k\Omega$$

$$R_2 = \frac{V_o - V_Z}{I_Z} = \frac{8.0\,V - 5.1\,V}{20\,mA} = 145\,\Omega$$

となります。また，V_4 = V_Z + V_{BE2} = 5.1 + 0.7 = 5.8 V，および V_o = (1 + R_3/R_4)V_4 より，R_3/R_4 = V_o/V_4 − 1を変形し，R_3 = R_4(V_o/V_4 − 1) = 8 k(8.0/5.8 − 1) = 3.0 kΩ となります。

以上の素子値を使って，LTspiceに図6-17の回路図を入力してください。

3　誤差増幅器や基準電圧源などを含んだ負帰還式シリーズレギュレータは，「三端子レギュレータ」という名称のICとして市販されています。製品の型番は78XX（正電圧用）や，79XX（負電圧用）で，XXは出力電圧を表しています。

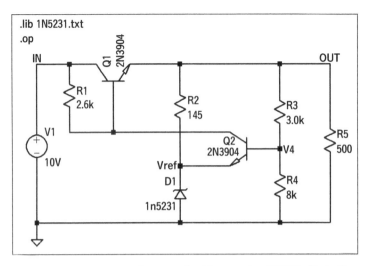

図6-17　トランジスタ式シリーズレギュレータの回路図（Ex6_3）

〈動作点解析〉

　次に，「.op」ディレクティブにより動作点解析を行い，回路図上の動作点を確認したい箇所で右クリックして「Place .op Data Label」を選択し，各部の電圧/電流を回路上に表示してください。結果を図6-18に示します。R_1，R_2，R_3を設定した前提条件と比べてI_{C2}が0.5 mAより小さく，0.338 mAとなっていますが，BE間電圧は$V_{BE1} = V_{BE2} = 0.7$ Vという想定に近く，2個のトランジスタの動作点設定には問題なさそうです。図6-18では最終的に負荷電圧を8.0 VとするようにR3の値を3.0 kΩから3.2 kΩに小変更してあります。

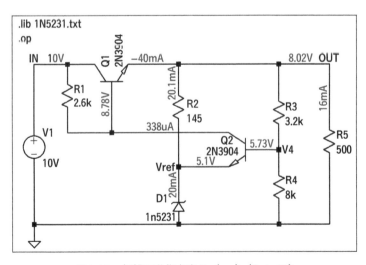

図6-18　各部の動作点表示（.op）（Ex6_31）

〈過渡解析〉

　次に，「.tran」ディレクティブにより，過渡解析を行います。V1の上で右クリックし

て，図6-19のように，SINE波形の設定をDC offset = 10 V，Amplitude = 1 V，Freq = 120 Hzとしてください。これでDC電圧10 Vに，交流（振幅1 V，周波数120 Hz）のゆらぎ信号を重畳できます。

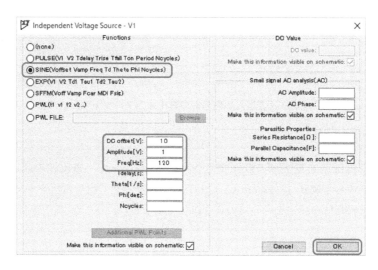

図6-19　V1の設定画面

設定が終わったら「.tran」ディレクティブを配置して過渡解析を行い，電圧プローブを「IN」「OUT」に設定した結果が図6-20です。V(in) はリップル率が2 Vpp/10 V = 20 ％の入力電圧ですが，V(out) はほぼ8 Vになっています。V(out) の波形を拡大すると，図6-21のようになります。図右下のカーソル測定窓でV(out) の最小値・最大値を読み取ると，リップル率は，

$$0.168\,\mathrm{V_{PP}}/(0.5 \times (7.89\,\mathrm{V} + 8.05\,\mathrm{V})) = 2.1\%$$

となります。これより，入力電圧に比べて負荷電圧のリップル率は，ほぼ1/10に減ったことがわかります。

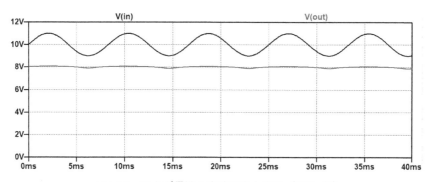

図6-20　ゆらぎ電源入力時の出力電圧（EX6_32）

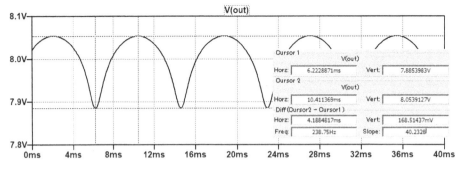

図6-21　ゆらぎ電源入力時の出力電圧拡大プロット（EX6_32）

　次に，負荷抵抗R_lを電流源に置き換えた回路（図6-22）で，電流源の設定をDC電流16 mAに交流ゆらぎ成分（振幅8 mA，120 Hz）を重畳させて出力電圧をシミュレーションします。電流源I1の設定を図6-23のようにしてください。

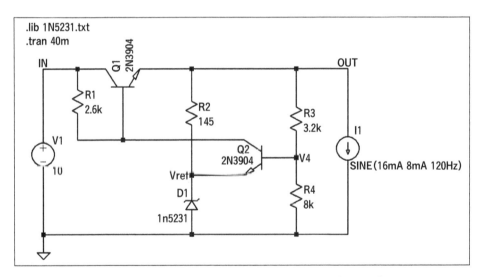

図6-22　負荷抵抗を電流源I1に置き換えた回路（Ex6_33）

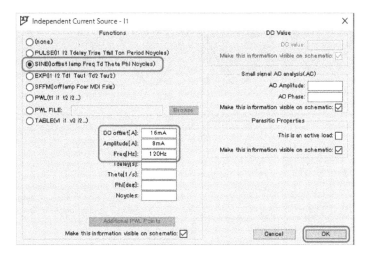

図 6-23　電流源 I1 の設定画面

　図 6-24 に V(in)，V(out) の波形を示します。基準 DC 電流（16 mA）の 50% の振幅（8 mA）のゆらぎ成分を重畳したにもかかわらず，V(out) は 8 V と一定です。図 6-25 は設定したゆらぎ電流出力 I(I1) と V(out) の拡大プロット図です。図右下のカーソル測定窓から，V(out) のリップル率は

$$7.94\ \mathrm{mV_{PP}}/(0.5 \times (8.02\ \mathrm{V} + 8.03\ \mathrm{V})) = 0.10\%$$

と無視できるレベルに抑圧されていることがわかります。

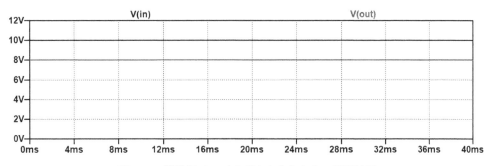

図 6-24　電流源 I1 にゆらぎを与えたときの電圧波形

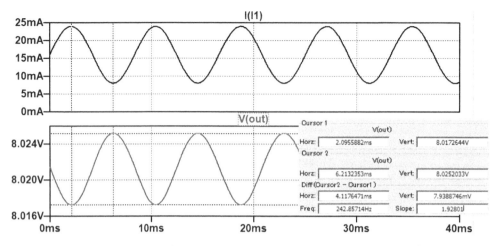

図6-25　電流源I1で負荷電流を変動させた場合の出力電流と出力電圧波形

（2）負帰還式シリーズレギュレータ

シミュレーションに向けて，図6-26の回路図の素子パラメータを求めます。

〈前提条件〉

- 入力電圧 V_i = 10 V，負荷電圧 V_o = 8.0 V（R_L = 500 Ω，R_3 = 10 kΩ）とします。
- トランジスタ Tr1：2N3904 を使います。
- OPアンプ：NJM4580 を使います。
- ツェナーダイオード D_Z：1N5231（V_Z = 5.1 V@I_Z = 20 mA）を使います。

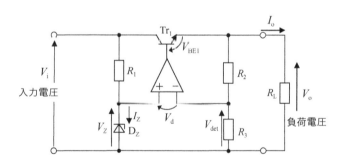

図6-26　負帰還式シリーズレギュレータの回路

〈抵抗値 R_1，R_2 の設定〉

OPアンプの入力インピーダンスを∞と考えると，R_1 を流れる電流は I_Z なので，

$$V_Z = V_i - R_1 I_Z \Rightarrow R_1 = (V_i - V_Z)/I_Z = (10 \text{ V} - 5.1 \text{ V})/20 \text{ mA} = 245 \text{ Ω}$$

となります。また，OPアンプの入力端子間は仮想短絡の性質から電位差が0なので，

$$V_o = V_{det}(1 + R_2/R_3) = V_Z(1 + R_2/R_3)$$

を変形して，

$$R_2 = (V_o/V_Z - 1)R_3 = (8\text{ V}/5.1\text{ V} - 1) \times 10\text{ k}\Omega \approx 5.7\text{ k}\Omega$$

と求まります。

　以上の結果をもとに，図6-27の回路をLTspiceに入力してください。入力電源V1は，DCオフセット10 Vに，交流ゆらぎ電圧（振幅1 V，120 Hz）を重畳した波形とします。

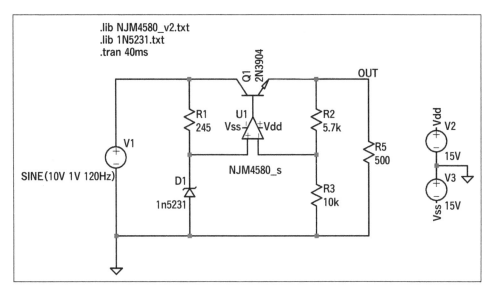

図6-27　負帰還式シリーズレギュレータ回路（Ex6_4）

　図6-28はV(in)，V(out) の波形です。入力電圧に振幅1 V，周波数120 Hzのゆらぎ電圧を重畳しても，出力電圧は8 Vと一定です。図6-29は，V(out) を拡大表示した波形です。図の測定窓の数値から，リップル率は

$$25.3\text{ mV}_{PP}/(0.5 \times (7.99\text{ V} + 8.02\text{ V})) = 0.32\text{ \%}$$

となります。同じゆらぎ電圧に対してトランジスタ式（図6-21）ではリップル率2.1 ％なので，負帰還式の方がはるかにゆらぎ電圧の抑制に有効であることがわかります。

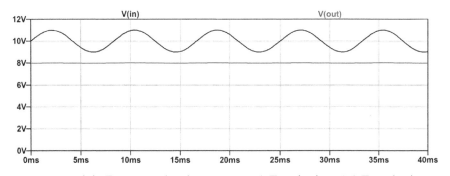

図6-28　負帰還式シリーズレギュレータの入力電圧（Vin）と出力電圧V(out)

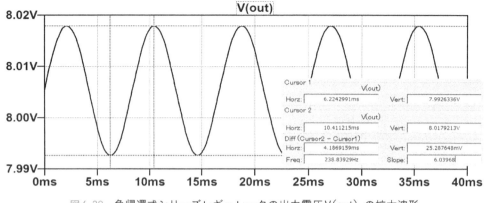

図6-29　負帰還式シリーズレギュレータの出力電圧V(out)の拡大波形

　次に，負荷抵抗R5を電流源I1に置き換えた回路を図6-30のように作成してください。電流源I1は，図6-22と同じく，基準DC電流16 mAに交流ゆらぎ成分（振幅8 mA，120 Hz）を重畳させています。この回路の過渡解析を実行し，「IN」「OUT」の位置にプローブを配置した電圧波形を図6-31に示します。このように，基準DC電流の50％の振幅ゆらぎ成分を重畳してもV(out)は8 Vと一定です。図6-32は，設定したゆらぎ電流波形I(I1)と，出力電圧V(out)の拡大図です。V(out)のゆらぎ振幅は，右下の測定窓より$1.19\,\mu V_{PP}$と無視できます。リップル率は，

$$1.19\,\mu V_{PP}/(0.5 \times (8.01\,V + 8.01\,V)) \approx 1.5 \times 10^{-5}\%$$

です。トランジスタ式の場合，同じゆらぎ電流の条件でリップル率0.1％だったので，負帰還式では桁違いに良好な出力電圧の安定化が実現できることがわかります。

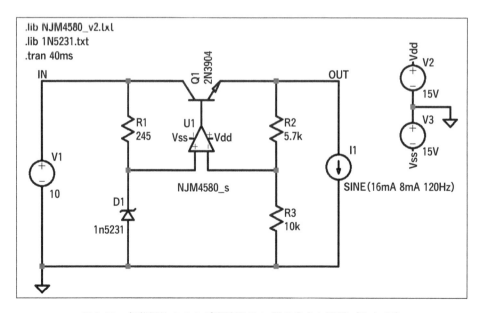

図6-30　負荷抵抗をゆらぎ電流源I1に置き換えた回路（Ex6_41）

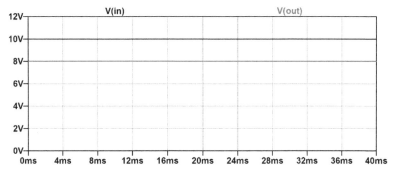

図6-31　負帰還式シリーズレギュレータの入力電圧V(in)，出力電圧V(out) 波形

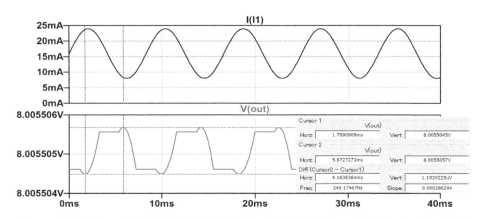

図6-32　電流源I1で負荷電流を変動させた場合の負荷電流I(I1) と出力電圧V(out) の波形

図6-14，図6-15を使って説明したシリーズレギュレータは，いずれも「制御回路」の機能をトランジスタが担っています。このトランジスタは可変抵抗として動作するので，入力電圧V_i，出力電圧V_o，コレクタ電流I_Cを使って次式の電力損失P_lossが発生します。

$$P_\mathrm{loss} = (V_\mathrm{i} - V_\mathrm{o})I_\mathrm{C} \tag{6.15}$$

損失を抑えるために，トランジスタやMOS-FETをスイッチ素子として使うスイッチングレギュレータがあります。例えば4.1節（図4-8）で説明した「エンハンスメント形」のMOS-FETを使った場合，$V_\mathrm{GS} = 0$ Vとすれば$I_\mathrm{D} = 0$となり，ドレーン－ソース間はスイッチOFFの状態となります。また非飽和領域においてV_GSを十分大きな正の電圧とすると，I_Dの急激な増大にともなってドレーン－ソース間の抵抗が低下し，スイッチONの状態になります。このON状態ではI_Dが流れますが，V_DSが小さいので，スイッチングに伴う電力損失（$V_\mathrm{DS}I_\mathrm{D}$）はほとんど発生しません。本節ではスイッチング電源回路の各種構成の中で，最も基本的な「降圧チョッパ回路」を使ったレギュレータに絞って説明します。

（1）降圧チョッパ回路

図6-33はスイッチングレギュレータの一形式である降圧チョッパ（Step-down chopper）回路の概念図です[4]。

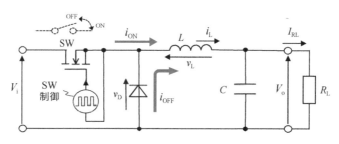

図6-33　降圧チョッパ回路

図6-33の回路[5]において，ダイオードの電圧v_DはMOS-FETスイッチのON・OFF動作によって次のように変化します。

$$\begin{cases} v_\mathrm{D} = V_\mathrm{i} & \text{（ON）} \\ v_\mathrm{D} = 0 & \text{（OFF）} \end{cases} \tag{6.16}$$

なお，直流入力電圧をV_iとし，ダイオードの順方向電圧を無視しています。

4　チョッパ（chopper）とは，電圧や電流を切り刻む操作のことです。本節で説明する「降圧チョッパ」のほかに，出力電圧を上げる「昇圧チョッパ」もあります。

5　図6-33の回路において，SW-OFFのときにもインダクタLに電流エネルギーがたまっており，SW-ONのときと同じ方向に電流を流し続ける働きをします。ダイオードはこの電流を還流させるために設けられており，還流ダイオード（またはフライホイールダイオード）と呼ばれます。

　図6-34は降圧チョッパ各部の動作波形です。図において，ON時間T_{ON}，OFF時間T_{OFF}として，SWのON・OFF周期は次式で表されます。

$$T = T_{\mathrm{ON}} + T_{\mathrm{OFF}} \tag{6.17}$$

ここで，繰り返し周期Tに占めるON時間の割合Dをデューティ比（duty ratio），もしくは通流率と呼び，次式で定義します。

$$D = \frac{T_{\mathrm{ON}}}{T_{\mathrm{ON}} + T_{\mathrm{OFF}}} = \frac{T_{\mathrm{ON}}}{T} \tag{6.18}$$

　図6-34の下段にはインダクタ電流i_{L}の変化を示しています。SW-ON時は図6-33のi_{ON}が流れ，SW-OFF時はi_{OFF}が流れます。ONの期間ではi_{L}は時間とともに増えてインダクタの電流エネルギーが増加し，OFFの期間ではi_{L}は時間とともに減少して電流エネルギーが減少します[6]。回路の定常状態ではi_{L}の増加と減少は同じ大きさとなります。インダクタに流れる電流の変化が降圧チョッパの動作理解の基本なので，この点について計算式で説明します。

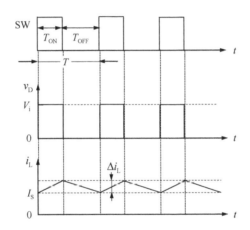

図6-34　降圧チョッパ回路の動作波形

インダクタの電圧を図6-33のようにv_{L}とすると，インダクタの基本式より

$$v_{\mathrm{L}} = L\frac{di_{\mathrm{L}}}{dt} \approx L\frac{\Delta i_{\mathrm{L}}}{\Delta t} \tag{6.19}$$

となります。これを変形して，

$$\Delta i_{\mathrm{L}} = \frac{v_{\mathrm{L}}}{L}(\Delta t) \tag{6.20}$$

いま，SW-ONになったとき，インダクタに流れていた初期電流を図6-34下段の図のようにI_{S}とすると，（6.20)式を使って，

6　電流エネルギーU_{I}は，インダクタンスL，流れる電流Iを用いて，$U_{\mathrm{I}} = \dfrac{1}{2}LI^2$と表されます。

$$i_L = I_S + \Delta i_L = I_s + \frac{v_L}{L} T_{ON} \tag{6.21}$$

となります。ここで，インダクタの電圧 v_L は，図6-33を参照すると，

$$v_L = V_i - V_o \tag{6.22}$$

と書けます。これを（6.21）式に代入すると，次式が得られます。

$$i_L = I_S + \frac{V_i - V_o}{L} T_{ON} \tag{6.23}$$

したがって，SW-ON の期間での電流変化量 Δi_{ON} は（6.24）式のようになります。

$$\Delta i_{ON} = \frac{V_i - V_o}{L} T_{ON} \tag{6.24}$$

　続いて SW-OFF の期間での電流変化について考えます。この場合，図6-33において，インダクタの電流 i_L はダイオードを通じて還流します。このときインダクタの電圧 v_L はダイオードの順方向電圧を $V_F = 0$ とすると，ON の状態（$v_L = V_i - V_o$）から，OFF の状態（$v_L = 0 - V_o = -V_o$）に変化します。この結果，インダクタの電流は（6.20）式に従い，次式のように減少します。

$$i_L = I_S + \frac{V_i - V_o}{L} T_{ON} - \frac{V_o}{L} T_{OFF} \tag{6.25}$$

したがって，SW-OFF の期間での電流変化量 Δi_{OFF} は（6.26）式のようになります。

$$\Delta i_{OFF} = - \frac{V_o}{L} T_{OFF} \tag{6.26}$$

図6-34下段の図のように，定常状態では $\Delta i_{ON} = \left| \Delta i_{OFF} \right|$ なので，（6.24），（6.26）式より，

$$\frac{V_i - V_o}{L} T_{ON} = \frac{V_o}{L} T_{OFF} \tag{6.27}$$

が成り立ちます。この式を V_o について解き，（6.18）式を用いると，

$$\begin{aligned} V_o &= \frac{T_{ON}}{T_{ON} + T_{OFF}} V_i = \frac{T_{ON}}{T} V_i \\ &= D V_i \end{aligned} \tag{6.28}$$

という降圧チョッパ回路の基本式が得られます。つまり SW の繰り返し周期に占める ON 期間の比，すなわちデューティ比（または通流率）D と入力電圧 V_i の積で出力電圧 V_o が決まるのです。この D の値を任意に調整することで出力電圧を可変できます。また，v_D はパルス状の電圧ですが，回路のインダクタ L とキャパシタ C により，ローパスフィルタ（LPF）が形成され，負荷電圧 V_o の高周波成分が除去されて脈動が低減されます。

　スイッチング周期 T の逆数 $f = 1/T$ はスイッチング周波数と呼ばれます。スイッチング周波数を高くすると，脈動の周波数も高くなるため，LPF で遮断しやすくなり，より脈動の除去に効果的です。また，インダクタ L を小型化できます。

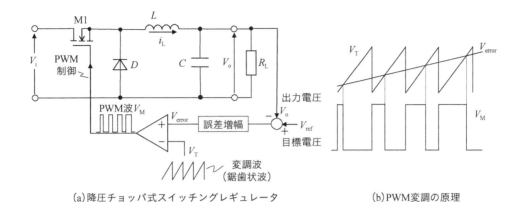

(a)降圧チョッパ式スイッチングレギュレータ　　　(b)PWM変調の原理

図6-35　降圧チョッパ式スイッチングレギュレータの構成と動作

　降圧チョッパ回路には図6-35(a) のようにMOS-FET（M1）のゲートにスイッチング信号のデューティ比を制御する回路が付加され，「スイッチングレギュレータ」として出力電圧の安定化が図られます。具体的には，出力電圧V_oを目標電圧V_{ref}と比較し，増幅して誤差電圧V_{error}を作ります。さらに図6-35(b) に示すようにV_{error}を鋸歯状波V_Tと比較することでPWM（pulse width modulation）波形V_Mを作り，この信号をMOS-FETのゲートに入力することでデューティ比を制御するのです。

シミュレーション実習（降圧チョッパ）

　スイッチング素子としてMOS-FETを使う前に，まずは電圧制御スイッチを使って降圧チョッパ回路の動作を確認します。図6-36の回路を入力してください。回路入力の主な手順と内容は次の通りです。

- 「Component」ボタン（またはF2）を押して電圧制御スイッチ（シンボル名sw）を回路図に配置します。
- 「sw」のシンボルを右クリックすると，「Component Attribute Editor」が開きます。この画面の「Value」欄にモデル名を記入します。今回はValueを「VC_SW」とします。
- 「.op」ボタンまたはsキー入力から，電圧制御スイッチのON抵抗，OFF抵抗，しきい値を設定します。ここでは，後のステップで使うMOS-FET「IRFP250」のデータシートを参考にして，「.model VC_SW SW(Ron = 85m Roff = 10Meg Vt = 2.5)」というディレクティブを回路の上部に配置します。これでON抵抗85 mΩ，OFF抵抗10 MΩ，しきい電圧2.5 Vになります。このしきい値以上の電圧でSW-ONとなります。ちなみにswのモデル書式は以下を参照してください。

.model モデル名 SW（Ron＝オン抵抗値 Roff＝オフ抵抗値 [Vt=しきい値]
[Vh=ヒステリシス値]）　　　　　　（注）[ ]は省略可能なパラメータです。

- 「sw」の「＋端子」に「Vgate」という入力ラベルをつけ，同じ名前で，信号源V2の「＋端子」に出力ラベルをつけます。
- ダイオードには順電圧の低いショットキーバリアダイオードを使います[7]。シンボル名は「schottky」で配置できます。
- ショットキーバリアダイオードとしては，「80SQ045NRL」を使用します。メーカのデータによると，「順電流8A，逆耐圧45V，順電圧0.55V」です。On Semiconductor社のWebサイトから，SPICEモデルファイル「PSpice Model」を見つけてダウンロードし，「80SQ045NRL.LIB」を「80SQ045NRL.txt」として作業フォルダに配置するとともに，「.lib」ディレクティブを図6-36のように設定してください。
- V2を右クリックして，信号源の設定フォームで「PULSE」にチェックして，図6-36のように「Von = 17 V，Trise = Tfall = 10 ns，Ton = 2.5 µs，Tperiod = 10 µs」と設定してください。これで，繰り返し周期10 µs（100 KHz），ON時間2.5 µs（Duty 25%）の17 Vパルス信号で電圧制御スイッチがON/OFF制御できます。
- これ以外に，入力電源（DC 20 V），負荷抵抗RL（5 Ω），インダクタL1（100 µH），平滑キャパシタC1（100 µF）の素子値も設定してください。
- 最後に，「.tran 10m」ディレクティブを回路の上部に配置してください。
- 回路図が完成したら，適当なファイル名で作業フォルダに保存してください。

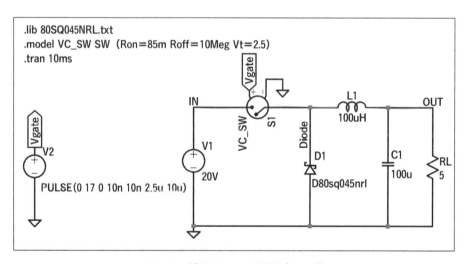

図6-36　降圧チョッパ回路（Ex6_5）

（1）デューティ比の効果

図6-36の回路図で過渡解析を実行し，電圧プローブを「OUT」「Diode」ラベルに設定

し，電流プローブをインダクタL1に設定してください。出力されたグラフの画面上で右クリックして「Add Plot Plane」で追加のグラフ枠を作成して3種の波形を別の枠内に表示します。グラフの横軸上で右クリックして表示時間を9.95 ms〜10.00 msに限定するとともに，縦軸の範囲を調整することで図6-37が得られます。この波形図から次のことがわかります。

- スイッチングのデューティ比を25%とした結果，V(diode) の20 Vパルス幅（ON期間）が2.5 μs（周期10 μsの25%）になっています。

- 図右上の測定窓のように，ON期間にI(L1) が769 mAから1146 mAに増加し，OFF期間には1146 mAから769 mAに減少しています。これより平均電流は958 mA，電流変化幅は377 mAとなります。一方，(6.24)式から求まる電流変化幅は，(6.28)式を用いて，

$$\Delta i_{\mathrm{ON}} = \frac{V_{\mathrm{i}} - V_{\mathrm{o}}}{L} T_{\mathrm{ON}} = \frac{(1-D)V_{\mathrm{i}}}{L} DT = \frac{D(1-D)V_{\mathrm{i}}T}{L} = \frac{0.25 \times 0.75 \times 20 \times 10^{-5}}{10^{-4}} = 375\ \mathrm{mA}$$

ですから，上記377 mAと一致しています。

- V(out) は約4.8 Vと読み取れます。これはデューティ比25%で予想される値（20 V × 0.25 = 5 V）に近い結果です。これから，負荷抵抗（RL = 5 Ω）に流れる電流は4.8 V/5 Ω = 960 mAとなり，I(L1) の平均電流とほぼ一致します。

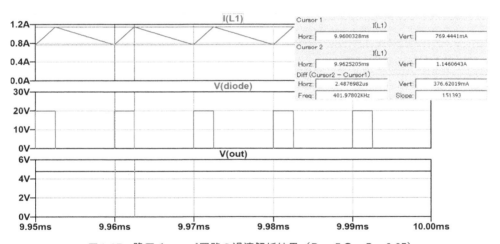

図6-37　降圧チョッパ回路の過渡解析結果　($R_{\mathrm{L}} = 5\ \Omega$,　$D = 0.25$)

次に，デューティ比を50%にするためにV2において「Ton = 5.0 μs」とした結果を図6-38に示します。これから以下のことが読み取れます。

- スイッチングのデューティ比を50%とした結果，V(diode) の20 Vパルス幅（ON期間）が5.0 μs（周期10 μsの50%）となりました。

- ON期間にI(L1) が1710 mAから2210 mAに増加し，OFF期間には2210 mAから1710 mAに減少しています。平均電流は1960 mAで図6-37の場合（958 mA）の約2

倍です。

- V(out) は約9.8 Vと読み取れます。これはデューティ比50%で予想される値（20 V × 0.5 = 10 V）に近い結果です。また，図6-37の場合（4.8 V）の約2倍となっています。これから，負荷抵抗（RL = 5 Ω）に流れる電流は9.8 V/5 Ω = 1960 mAとなり，I(L1) の平均電流と一致します。

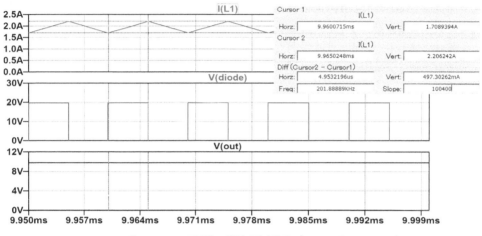

図6-38　降圧チョッパ回路の過渡解析結果（$R_L = 5\,\Omega$，$D = 0.5$）

（2）負荷抵抗の効果

　以上のシミュレーション結果から，インダクタ電流i_Lの平均値$\overline{i_L}$は負荷抵抗R_Lに流れる電流に等しいことがわかりました。一方，定常状態ではON期間，およびOFF期間のインダクタ電流の変化幅は，（6.27)式を変形して，

$$\Delta i_{\mathrm{ON}} = \left| \Delta i_{\mathrm{OFF}} \right| = \frac{V_\circ}{L} T_{\mathrm{OFF}} = \frac{DV_i}{L}(1-D)T \tag{6.29}$$

となります。つまり変化幅は負荷抵抗とは関係なく一定だということです。

　いま，負荷電圧は$V_\circ = DV_i$ですから，負荷電流I_{RL}は次式で与えられます。

$$I_{\mathrm{RL}} = \overline{i_L} = \frac{DV_i}{R_L} \tag{6.30}$$

（6.30)式より，R_Lを大きくすると負荷電流が減少し，同時にインダクタ電流の平均値も減少します。したがって，R_Lを大きくしていくと，あるR_Lの値で三角波状のインダクタ電流の最小値がゼロになります（図6-39）。平均電流$\overline{i_L}$が大きいと常にインダクタに電流が流れるので「**電流連続モード**」と呼びます。一方，R_Lが増加して，図6-39よりも$\overline{i_L}$が低下した状態ではインダクタ電流が流れない時間帯が生じます。この状態を「**電流断続モード**」と呼びます。

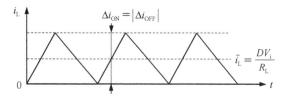

図6-39　電流連続モードの下限状態

　次に，電流連続モードと断続モードの境界値におけるR_Lを求めます。その条件は，図6-39より平均電流$\bar{i}_L$が電流変化幅の半分であることがわかるので，(6.29)式，(6.30)式を使って，

$$\frac{DV_i}{R_L} = \frac{1}{2} \cdot \frac{DV_i}{L}(1-D)T \ \Rightarrow \ \frac{1}{R_L} = \frac{(1-D)T}{2L}$$

より，

$$R_L = \frac{2L}{(1-D)T} \tag{6.31}$$

が得られます。この式に，図6-36の回路パラメータを入れて計算すると，

$$R_L = \frac{2 \times 10^{-4}}{(1-0.25) \times 10^{-5}} = \frac{2 \times 10}{0.75} \approx 26.7\,\Omega$$

となります。そこで，図6-36で負荷抵抗を26.7Ωにしてインダクタ電流I(L1)と負荷電流I(R1)を同時にプロットすると，図6-40が得られます。この結果，ON時は－9.2 mAから371.8 mAに電流が変化し，その変化幅は381 mA，平均電流は190.5 mAです。一方，I(Rl)＝181 mA，V(out)＝4.84 Vと読み取れます。これによりインダクタ電流の下限がほぼゼロになることが確認できました。またV(out)はデューティ比25％で予想される値（20 V × 0.25 ＝ 5 V）に近い結果です。さらに，負荷電流I(Rl)はI(L1)の平均値とほぼ一致しています。

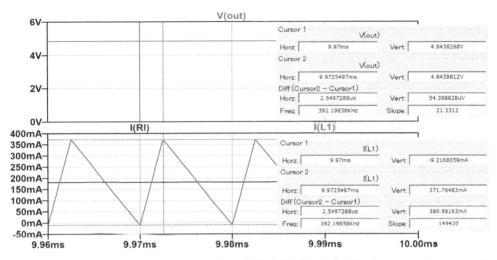

図6-40　電流連続モードの下限でのインダクタ電流, 負荷電流, 負荷電圧 （$R_L = 26.7\,\Omega$, $D = 0.25$）

　続いて$R_L = 40\,\Omega$とした結果を図6-41に示します。図のように，OFF期間の後半で
I(L1) が0 mAに達し，小さく振動しています。I(L1) のピーク値は図右下の測定窓よ
り，342 mAです。図6-37に関して計算した値（375 mA）には達していません。またI
（R1）は146 mA，V（out）は5.83 Vです。この負荷電圧は，デューティ比25%で求まる
値（20 V × 0.25 = 5 V）よりはかなり大きな値となっています。このように，電流断続モ
ードでは出力電圧が$V_o = DV_i$で計算した値よりもずれてくるのです。

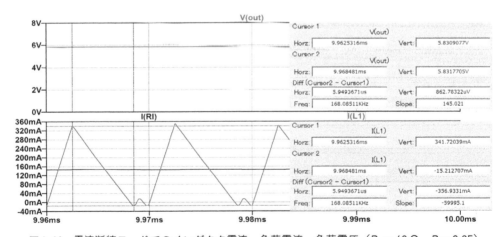

図6-41　電流断続モードでのインダクタ電流, 負荷電流, 負荷電圧 （$R_L = 40\,\Omega$, $D = 0.25$）

　そこで，$R_L = 40\,\Omega$の条件下で電流連続モードの状態に戻すために，スイッチングのデ
ューティ比を大きくして，ON期間におけるインダクタへの電流エネルギーの蓄積を増や

してみます。図6-36の回路において，$R_L = 40\,\Omega$，Ton = 7.5 μs（$D = 0.75$）と変更した結果を図6-42に示します。図のようにI(L1) は187 mAから564 mA（変化幅377 mA）の間で変化し，「電流連続モード」の状態になりました。I(L1) の平均値は376 mAです。負荷電圧 V(out) は14.9 Vで，デューティ比75%で求まる値（20 V × 0.75 = 15 V）とほぼ一致しています。負荷電流I(Rl) は，374 mAで，I(L1) の平均値とよく一致しています。

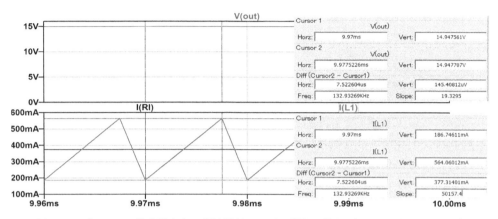

図6-42　デューティ比を増やして電流連続モードに戻した結果（$R_L = 40\,\Omega$，$D = 0.75$）

　図6-41のように，「電流断続モード」の状態になって出力電圧がデューティ比で決まる値からずれるのは好ましくない現象です。そこで，降圧チョッパを使った電源では，負荷抵抗が大きくなったときにスイッチングのデューティ比を制御して，「電流連続モード」を維持する工夫を回路に取り入れることが有効です。

（3）MOS-FETを使ったシミュレーション

　図6-43にスイッチング用のnMOS-FETとして，「IRFP250」を使った回路を示します。このFETは，絶対最大定格が〔$V_{DS} = 200\,V$，$I_D = 30\,A$〕で，$R_{DS} = 85\,m\Omega$（VGS = 10 V時）というものです。また図6-36で使った，ショットキーバリアダイオード「80SQ045NRL」を使用します。このダイオードは，絶対最大定格が〔順電流8 A，逆電圧45 V〕なので，ダイオードの最大電流でチョッパ回路に流すことができる電流が決まります。以下に回路入力の主要な点を列記します。

- 「IRFP250」のSPICEモデルを半導体メーカのWebサイトから入手します。
- Vishay社のSPICEモデル提供ページにアクセス[8]し，ページ上部の検索窓に「IRFP250」を入力し，「ルーペ」ボタンを押します。
- IRFP250の「Information and Services」欄に「PSpice Models（*.lib）（2）」があること

を確認し，「Title」欄の「IRFP250」をクリックします。

- 「IRFP250 PRODUCT INFORMATION」ページで「Design Tools」タブをクリックします。

- 「LIB for P-SPICE Model（*.lib）」が2個見つかります。クリックして確認すると，片方が「irfp250n」もう片方が「irfp250」なので後者のテキストをコピー＆ペーストして，「IRFP250_Vishay.txt」という名前で作業フォルダに保存します。回路図上には「.lib」ディレクティブでこのファイル名を指定して組み込みます。このモデルファイルの冒頭に「.SUBCKT irfp250 1 2 3」と記述されているので，3端子モデルがサブサーキット（等価回路モデル）で記述されていることがわかります。

- 回路図上にnMOS-FETのシンボル「nmos」のM1を配置します。

- シンボル上でctrl＋右クリックして，PrefixのValue欄をサブサーキットに対応させるため，「X」に変更します。またシンボルの素子名を「irfp250」に変更します。

- 「IRFP250」のゲート駆動用に電圧源V2の＋側にラベル「Vg」，−側にラベル「Vd」をつけます。同様に，M1のゲート端子にラベル「Vg」，ドレーン端子線上にラベル「Vd」をつけます。

- V2のTon欄を{TON}とし，Tperiod欄を{T}として変数化します。これに関連して，図6-43を参照して，V2の近くに「.param T=10us」，「.param D=0.25」，「.param TON=D*T-20ns」というディレクティブを配置します。これで変数TとDを使ってV2のスイッチング周期とデューティ比を設定できるようになります。

- 回路図が完成したら，適当なファイル名で作業フォルダに保存してください。

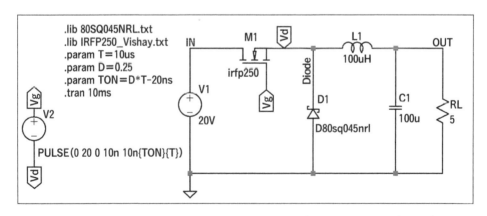

図6-43　スイッチング素子にnMOS-FETを使った降圧チョッパ回路（Ex6_6）
（T_{ON}, Tを変数化し，T, Dをパラメータ設定している）

図6-43の入力が終わったら過渡解析を実行し，表示時間を9.95 ms～10.00 msと最後の50 μsに制限したグラフを図6-44に示します。図のようにI(L1)は最小値787 mA，最大1173 mAの間で増減しています。I(L1)の変化幅は386 mA，平均値は980 mAです。先に図6-37に関連して（6.24)式から計算した変化幅が375 mAなのでよく一致しています。

また，V(out) は4.9Vで，デューティ比から計算される値（20 × 0.25 = 5 V）とよく一致しています。さらにI(Rl) は980 mAで，I(L1) の平均値と一致しています。

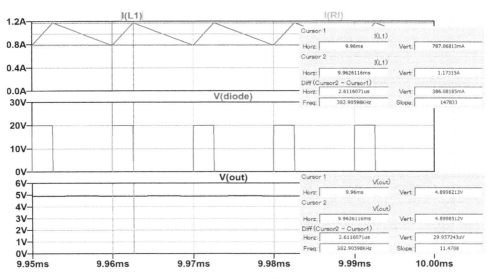

図6-44　nMOS-FETを使った降圧チョッパの過渡解析結果（$R_L = 5\,\Omega$，$D = 0.25$）

（4）デューティ比をパラメータ・スイープする

nMOS-FETを使った回路において，デューティ比の変数「D」をパラメータ・スイープさせ，10 ms時点の負荷電圧を自動計算させてみます。図6-45に回路図を示します。

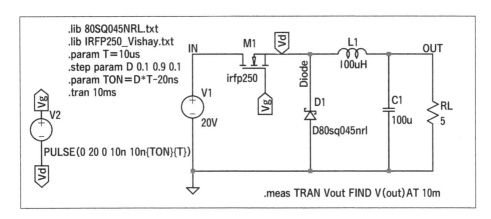

図6-45　D をパラメータ・スイープして過渡解析する回路（Ex6_7）
（10 msでのV(out) の自動測定用に「.meas」ディレクティブを追加している）

図6-43からの変更点は次の通りです。

- 「.param D=0.25」を，「.step param D 0.1 0.9 0.1」と変更して，DをStart 0.1，Stop 0.9，Increment 0.1でLinear掃引します。「.op」ボタンまたはs入力より「Edit Text on the Schematic」フォームを開き，入力欄で右クリックして「Help me Edit」メニューから「.step Command」を選ぶことで，「.step Statement Editor」という入力フォームを開くと設定しやすいです。

- 自動測定のために「.meas」ディレクティブを回路の下部に配置します。具体的には「.op」ボタンまたはs入力より，「.meas TRAN Vout FIND V(out)AT 10m」と入力してください。「.meas」ディレクティブは「.measure」コマンドの短縮表記で，シミュレーション結果の数値読み取りを指令します[9]。この設定で，掃引したデューティ比D毎に10 ms時点のV(out)を読み取ります。

図6-46は図6-45の過渡解析結果のグラフです。「Run」ボタンで計算開始すると画面左下に[Run: */9]という表示が出て，計算の進行状況が表示されます。この後，電圧プローブを「OUT」において，各D値に関して出力波形をプロットしています。パラメータの値は，グラフ上で右クリックし，「View」⇒「Step Legend」を選択すると，図の右欄に示すようにプロットされた線毎に色分けされたパラメータ値(D = 0.1〜0.9)が表示できます。

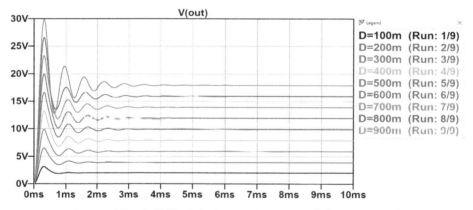

図6-46　V(out)波形：Dをパラメータ・スイープ（t = 0〜10 ms）

次に，グラフ・ウインドウの上で右クリックして，ポップアップ・メニューから，「View」⇒「SPICE Error Log」を選択すると，図6-47のように自動測定結果が表示されます。さらに，このエラー・ログ画面上で右クリックし，「Plot .step'ed .meas data」を選択すると，図6-48のグラフが描かれます。これは横軸が掃引したデューティ比D，縦軸が出

9　「.measure」のコマンド書式は第7章で詳細に説明します。この段階では，説明のとおりコマンドを入力してください。LTspiceのツールバーから「Help」⇒「Help Topics」と進み，検索すると役に立つ情報が見つかります。

力電圧です。出力電圧は（D = 0.1，$V(\text{out}) \approx 2\,\text{V}$），（D = 0.9，$V(\text{out}) \approx 18\,\text{V}$）の間を結ぶ直線状に変化しており，（6.28）式に示した式，$V_\text{o} = DV_\text{i}$ が検証できました。

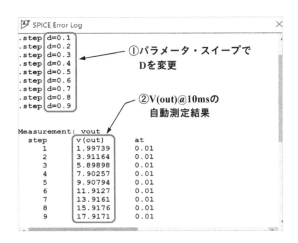

図4-47　V(out) の波形から自動抽出した「SPICE Error Log」画面

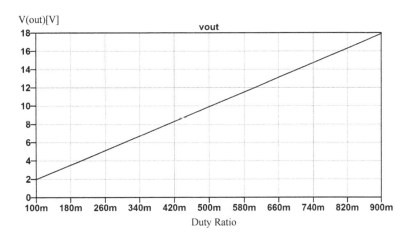

図6-48　「SPICE Error Log」のデータをプロットした結果（横軸D，縦軸V(out)）

電子負荷

　電子負荷という負荷装置は，オシロスコープやデジタルマルチメータ（DMM）といった計測器に比べて少しなじみのない装置です。電子負荷を一言で説明すると，「さまざまな電源の出力に接続して，電源に接続される負荷を模擬して電源機器の性能を効率よく試験する装置」ということになります。直流電源をはじめ，太陽電池やキャパシタ，バッテリー，発電機など，電力を供給する電源の出力特性の評価に使用されます。

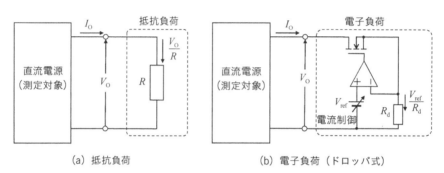

(a) 抵抗負荷　　　　　　　　　　(b) 電子負荷（ドロッパ式）

図C5-1　抵抗負荷と電子負荷の構成比較

　一般に，電源の特性を評価する場合，図C5-1(a) のように電源の出力端子に負荷抵抗Rを接続し，電流$I_O = V_O/R$を流す構成が考えられます。このとき抵抗として可変抵抗器を使ったとしても負荷電流を自由に設定・変更することは簡単ではありません。図C5-1(b)にドロッパ式とよばれる電子負荷の原理構成を示します。この回路は，OPアンプの出力端にFETを接続し，負帰還ループにFETを組み込んで負荷電流I_Oを流す構成です。非反転入力端子に接続された制御電圧V_{ref}と，反転入力端子に接続された電流検出抵抗R_dにより，負荷電流を$I_O = V_{ref}/R_d$と制御できます。電子負荷を使うと，制御電圧を変化させることで電源装置の使われる動作条件（負荷条件）に応じて負荷電流をダイナミックに変動させることができます。以上のように，電子負荷は各種電源装置の専門家が活用する計測器ですが，最近ではスマートフォンなどの携帯機器用電源・バッテリーの評価用に，図C5-2のようなUSB電源入力端子を備えた安価なドロッパ式電子負荷モジュール[1]が入手できるようになりました。これは，ACアダプタの評価等にも気軽に活用できるものです。

図C5-2　USB入力電子負荷モジュール

1　Droking社（中国　広州市）https://www.droking.com/（参照2022年2月）

第 7 章

LTspiceの進んだ利用法

　前章までで，各種電子回路の基礎知識の説明をしつつ，関連した回路動作のシミュレーション法について解説してきました。本章では，より進んだ有用性の高いLTspiceの使い方を紹介します。具体的には，（1）各種解析結果を使った自動測定，（2）回路部品の素子値ばらつきを考慮した特性解析，（3）回路部品の温度係数を考慮した特性解析，（4）出力波形の周波数特性解析，についてシミュレーション事例を使って説明します。

7.1 …… 自動測定

　各種解析結果のグラフ上の点を十字カーソルで特定すると，測定窓で座標点の数値を読み取れます。この方法は，データ点を目視で特定するので誤差が生じやすいという問題があります。この方法とは別に，「.measure」ディレクティブを使うと，各種解析結果のグラフから，横軸の特定点，または横軸上指定範囲のデータ値を取得，処理できます。この方法のほうが，カーソルを目視設定する方法よりも正確な計測が可能となります。以下に，過渡解析とAC解析を例にとって説明します。

（1）過渡解析

　図7-1は図5-52で使用した非安定マルチバイブレータ回路です。図の下部に，7個の「.meas」ディレクティブによる自動計測コマンドを以下のように追加しています。

　　方法1：コマンド文の直接入力

- ツールバーの「.op」ボタンを押すかs入力より「Edit Text on the Schematic」フォームを開いて，図示したコマンドを入力します。
- 1行分のコマンド入力が完了したら，OKボタンを押すとカーソルにコマンド文がついてくるので，適当な空白位置（図の例では回路図の下部）にカーソルを移動させ，左クリックして回路図にコマンド文を挿入します。

　　方法2：「.meas Statement Editor」を使ったコマンド構文の作成

　LTspiceの最新バージョン（XVII）では，複雑な「.measure」コマンドの構文作成を補助する機能が追加されて便利になりました。図7-1の4行目のコマンド文を例に，操作手順を述べます。このコマンドでは，過渡解析（.tran）のグラフ（図7-2）から，1ms以降（TD = 1ms）のV(out)のデータ点を対象に，1番目（RISE = 1）と2番目（RISE = 2）のV(out)波形の立ち上がりでV(out) = 0 mVとなる時間間隔（波形の繰り返し間隔dT）を求めるものです。

- ツールバーの「.op」ボタンを押すかs入力より「Edit Text on the Schematic」フォームを開いて，「.meas」（または「.measure」）と入力してOKボタンを押し，適当な空白位置（図の例では回路図の下部）にカーソルを移動させて左クリックして回路図に

「.meas」ディレクティブを挿入します。

●挿入した「.meas」ディレクティブ上で右クリックすると，「.meas Statement Editor」が表示されます。図7-3のように必要な条件を入力すると，Editor画面下部の枠内にコマンド構文が生成されるので，OKボタンを押して回路図に貼り付けます[1]。

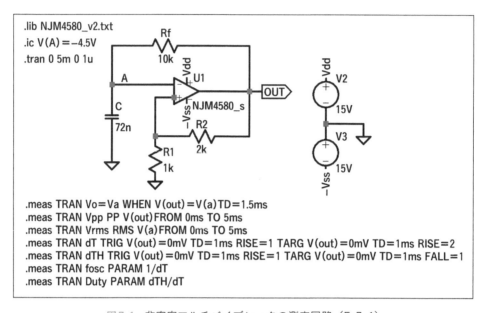

```
.lib NJM4580_v2.txt
.ic V(A) = -4.5V
.tran 0 5m 0 1u
```

```
.meas TRAN Vo=Va WHEN V(out)=V(a)TD=1.5ms
.meas TRAN Vpp PP V(out)FROM 0ms TO 5ms
.meas TRAN Vrms RMS V(a)FROM 0ms TO 5ms
.meas TRAN dT TRIG V(out)=0mV TD=1ms RISE=1 TARG V(out)=0mV TD=1ms RISE=2
.meas TRAN dTH TRIG V(out)=0mV TD=1ms RISE=1 TARG V(out)=0mV TD=1ms FALL=1
.meas TRAN fosc PARAM 1/dT
.meas TRAN Duty PARAM dTH/dT
```

図7-1　非安定マルチバイブレータの測定回路（Ex7_1）

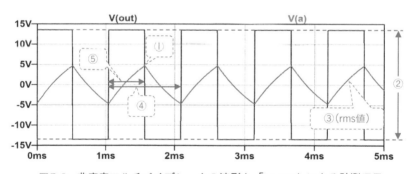

図7-2　非安定マルチバイブレータの波形と「.meas」による計測項目

1　OKボタンを押す前に，Editor画面左下の「Test」ボタンを押すとコマンドを実行でき，構文のエラーチェックに役立ちます。

以下に，図7-1の下部に示した7つの「.meas」コマンドの意味を説明します。図7-2の①～⑤は各コマンドの実行結果に対応しています。

▷ 1.5 ms以降の点で，V(out) = V(a)となる時刻を「Vo = Va」に代入する（図の①）。

⇒.meas TRAN Vo = Va WHEN V(out) = V(a) TD = 1.5 ms

▷ 0～5 msの間で，V(out)のPeak to Peak値を求め，「Vpp」に代入する（図の②）

⇒.meas TRAN Vpp PP V(out)FROM 0 ms TO 5 ms

▷ 0～5 msの間で，V(a)のRMS値（実効値）を求め，「Vrms」に代入する（図の③）

⇒.meas TRAN Vrms RMS V(a)FROM 0 ms TO 5ms

▷ 1 ms以降の点で，1番目と2番目の波形の立ち上がりで，V(out) = 0 mVとなる点の間隔を求め「dT」に代入する（図の④：矩形波の繰り返し周期）

⇒.meas TRAN dT TRIG V(out) = 0 mV TD = 1 ms RISE = 1 TARG V(out) = 0 mV TD = 1 ms RISE = 2

▷ 1 ms以降の点で，1番目の波形立ち上がりと，1番目の波形立ち下がりで，V(out) = 0 mVとなる点の間隔を求め「dTH」に代入する（図の⑤：矩形波のHighレベル間隔）

⇒.meas TRAN dTH TRIG V(out) = 0 mV TD = 1 ms RISE = 1 TARG V(out) = 0 mV TD = 1 ms FALL = 1

▷ 先に求めたdT（図の④）を使って，1/dTを計算して「fosc」に代入する。（矩形波V(out)の繰り返し周期から求めた発振周波数）

⇒.meas TRAN fosc PARAM 1/dT

▷ 先に求めたdTH（図の⑤）とdT（図の④）を使って，dTH/dTを計算して「Duty」に代入する。（矩形波のデューティ比）

⇒.meas TRAN Duty PARAM dTH/dT

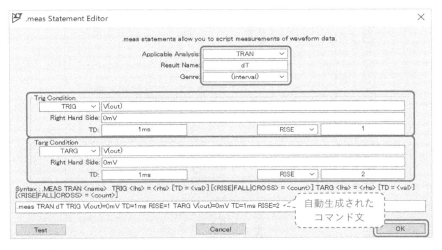

図7-3 「.meas Statement Editor」の入力画面（図7-1の第4行目の測定条件入力例）

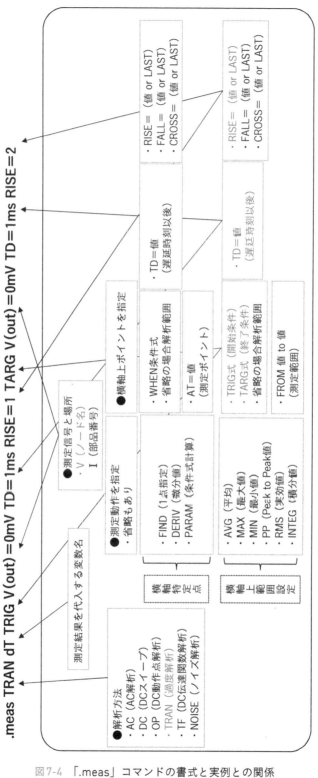

図7-4 「.meas」コマンドの書式と実例との関係

図7-4に「.measure」コマンドの構文書式を，実際に作成したコマンド文との対応で示します。図のように，各解析（AC，DC，OP，TRANほか）に対して，横軸の1点を指定するか，横軸上の範囲を設定するかの2種類の方法で測定できます。

〈コマンド実行結果の表示〉

コマンドを回路図に貼り付けたら，ツールバーの「Run」を押して，ラベル「OUT」・「A」に電圧プローブを配置して波形グラフ（図7-2）を表示させます。グラフ上で右クリックして，「View」⇒「Spice Error Log」を選択すると，図7-5のように自動計測の結果がリスト形式で表示されます。リストにはVpp = 27.0 V，dT = 1.05 ms，fosc = 953 Hz，dTH = 0.52 ms，Duty = 0.50，Vrms = 2.74 V，V(out) = V(a)の時刻1.56 msという結果が順に出力されています。

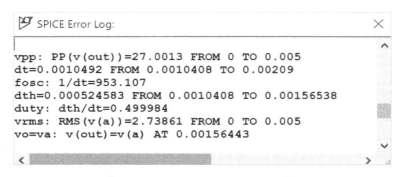

図7-5 「.meas」コマンドによる測定結果（過渡解析）

（2）AC解析

図7-6は図2-20で説明したLC並列共振回路です。図の下部に4個の「.meas」ディレクティブによる自動計測コマンドを追加しています。コマンドの入力法は先に過渡解析の項で説明したとおりです。

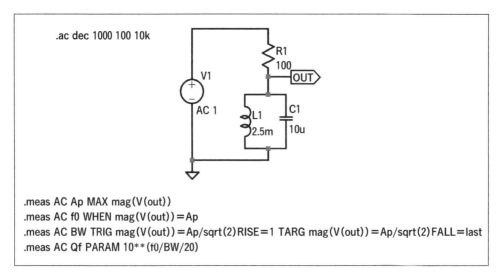

```
.ac dec 1000 100 10k
```

V1
AC 1

R1
100

OUT

L1
2.5m

C1
10u

```
.meas AC Ap MAX mag(V(out))
.meas AC f0 WHEN mag(V(out))=Ap
.meas AC BW TRIG mag(V(out))=Ap/sqrt(2)RISE=1 TARG mag(V(out))=Ap/sqrt(2)FALL=last
.meas AC Qf PARAM 10**(f0/BW/20)
```

図7-6　LC並列共振回路の共振特性自動計測回路（Ex7_2）

　図7-7は，図7-6の回路を入力した後に「Run」ボタンを押し，「OUT」に電圧プローブを配置して出力したグラフです。V（out）の振幅伝達関数と位相伝達関数が同時に表示され，振幅がピークの0 dB点よりも3 dB低下した周波数にカーソル1，2を設定し，右側の測定窓に表示しています。

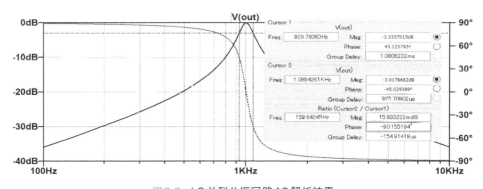

図7-7　LC並列共振回路AC解析結果

　以下に，図7-6の下部に示した4つの「.meas」コマンドの意味を説明します。図7-4の構文図も参照してください。

　　▷ 横軸上全範囲から，V（out）の振幅の最大値を求め「Ap」に代入する。

　　　 ⇒.meas AC Ap MAX mag（V（out））

　　▷ 横軸上全範囲から，V（out）の振幅が上記Apとなる周波数を求め「f0」に代入する。

　　　 ⇒.meas AC f0 WHEN mag（V（out）） = Ap

　　▷ V（out）の振幅が$A_p/\sqrt{2}$となる点の周波数間隔を，周波数軸上で1番目の立ち上がり点

と，最後の立ち下り点から求め，「BW」に代入する。

⇒ .meas AC BW TRIG mag(V(out)) = Ap/sqrt(2) RISE = 1 TARG mag(V(out)) = Ap/sqrt(2) FALL = last

▷ 先に求めたf0とBWを使って，$10^{(f0/BW/20)}$ を計算して，「Qf」に代入する。

⇒ .meas AC Qf PARAM 10**(f0/BW/20)

AC解析のコマンドでは次の関数と演算を使っている点に注意してリストを読んでください。

- mag( )：mag( )は複素数の振幅（絶対値）を求める関数です。AC解析の電圧値は複素数で出力されるので，振幅はmag( )で計算します。ちなみに，ph( )は位相，re( )は実部，im( )は虚部を求める関数です。これらの関数はいずれも，実数部が求める数値で，虚数部が0の複素数を返すので注意が必要です。
- Ap/sqrt(2)：ピーク振幅Apから3 dB低下した振幅 $A_p/\sqrt{2}$ を計算します。
- 10**(X/20)：dB表記のXをもとの数値に変換するために $10^{(X/20)}$ を計算します。
- Qf = f0/BW：共振周波数f0を，Apから3 dB低下した点の周波数幅BWで割った数値，Q値と呼ばれ共振特性の鋭さを表す指標です。（コラム1参照）

〈コマンド実行結果の表示〉

コマンドを回路図に貼り付けたら，ツールバーの「Run」を押して，ラベル「OUT」に電圧プローブを配置して周波数特性（図7-7）を表示させます。グラフ上で右クリックして，「View」⇒「Spice Error Log」を選択すると，図7-8のように自動計測の結果がリスト形式で表示されます。リストにはAp = 0.00 dB，BW = 159 Hz，Qf = 6.32，f0 = 1.01 KHzという結果が順に出力されています[2]。図7-7右側の測定窓にはピーク点から3 db低下した，カーソル1，2間の周波数間隔が約160 Hzと表示されています。また，カーソル1の周波数が930 Hz，カーソル2の周波数が1089 Hzなので，図7-8のBWを求めた周波数範囲とも一致しています。

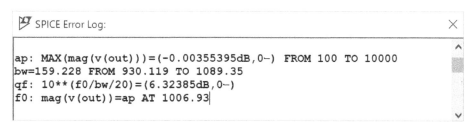

```
ap: MAX(mag(v(out)))=(-0.00355395dB,0~)  FROM 100 TO 10000
bw=159.228 FROM 930.119 TO 1089.35
qf: 10**(f0/bw/20)=(6.32385dB,0~)
f0: mag(v(out))=ap AT 1006.93
```

図7-8　LC並列共振回路自動計測結果

2　リストではQfが「6.32385dB」となっていますが，数値はf0/BW = 1006.93/159.228 ≒ 6.324になっている点に注意してください。コマンドの式をf0/BWと書くと[dB]値が求まったので，これをQ値の定義（ピーク点の周波数／（Ap/sqrt(2)の周波数間隔）の値に戻すために10**(f0/BW/20)と計算しました。

　電子部品の特性には，製造による素子値のばらつきがあり，組み立てた回路がシミュレーションどおりには動作しない場合があります。そこで，あらかじめ素子値の誤差を設定したモデルを使ってシミュレーションしておくと，製造する回路の特性変化を予測できるので安心です。LTspiceには素子値のばらつきをシミュレーションするための「モンテカルロ解析」の機能が実装されています。これは，回路を構成している部品の素子値に許容誤差を設定し，乱数的に素子値を変化させながら多数回シミュレーションを実行して，回路の特性変化を調べる機能です。

■LTspiceで使用する統計関数[3]

　LTspiceでは回路部品の素子値を統計的に変化させる関数として，一様分布の「mc関数」と，正規分布の「gauss関数」が利用できます。各関数の機能は以下の通りです。

$\text{mc}(x, y)$：xを素子値，yをばらつきの範囲（例えば10%なら0.1）として，$x(1-y)$から $x(1+y)$の間で，一様分布の乱数を発生します（図7-9（a））。
$\text{gauss}(x)$：標準偏差$\sigma = x$とする正規分布の乱数を発生します（図7-9（b））。

　正規分布の確率密度関数$f(x)$は，分布の標準偏差をσ，平均をμとして次式で与えられます。

$$f(x) = \frac{1}{\sqrt{2\pi}\sigma}\exp\left[-\frac{(x-\mu)^2}{2\sigma^2}\right] \tag{7.1}$$

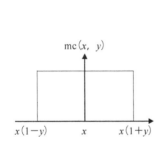

(a) 一様分布 $\text{mc}(x, y)$

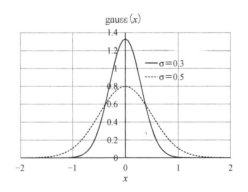

(b) 正規分布 $\text{gauss}(x)$：平均$\mu = 0$の場合

図7-9　一様分布と正規分布

3　LTspiceで使える演算子と関数は，次のようにたどると確認できます。「F1」キー ⇒「目次」タブ ⇒ LTspice XVII ⇒ LTspice® ⇒ Dot Commands ⇒ .PARAM –User-Defined Parameters

モンテカルロ解析の例

　今回は，7.1節で使用したLC並列共振回路を使ってモンテカルロ解析を実行します。
図7-10がシミュレーションに使用する回路です。

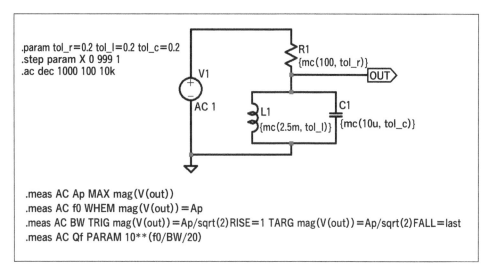

```
.param tol_r=0.2 tol_l=0.2 tol_c=0.2
.step param X 0 999 1
.ac dec 1000 100 10k
```

V1
AC 1

R1
{mc(100, tol_r)}

OUT

L1
{mc(2.5m, tol_l)}

C1
{mc(10u, tol_c)}

```
.meas AC Ap MAX mag(V(out))
.meas AC f0 WHEM mag(V(out))=Ap
.meas AC BW TRIG mag(V(out))=Ap/sqrt(2)RISE=1 TARG mag(V(out))=Ap/sqrt(2)FALL=last
.meas AC Qf PARAM 10**(f0/BW/20)
```

図7-10　LC共振回路のモンテカルロ解析用回路図（Ex7_3）

　以下のように，図7-6の状態から回路図を変更します。

〈画面左上のコマンド〉

- 抵抗，インダクタ，キャパシタの誤差設定：E6系列[4]の素子を使うと考え，素子値の誤差±20％とパラメータ設定します。

  ⇒.param tol_r = 0.2 tol_l = 0.2 tol_c = 0.2

- ダミー変数Xを使って，シミュレーションを1000回繰り返します。

  ⇒.step param X 0 999 1

- AC解析を100 Hz〜10 kHzの間で，1000点/decで実行します。

  ⇒.ac dec 1000 100 10k

〈素子値の変数化〉

- R1：素子値を右クリックし，mc関数を使って，「{mc(100,tol_r)}」とします。これで，mc関数を使って，中心値100 Ω，誤差tol_r（＝ 0.2）と設定できます。mc関数を

4　抵抗，キャパシタ，インダクタなどの素子値は，E系列（E = 3，6，12，24，48，96）と呼ばれる標準数が使用されています。各系列は，1〜10の範囲を等比級数$\sqrt[E]{10}$（10のE乗根）の数列を扱いやすい値に丸めたものになっています。E6系列の抵抗器の場合，1.0 Ω，1.5 Ω，2.2 Ω，3.3 Ω，4.7 Ω，6.8 Ωの6段階で1桁の素子値をカバーします。E系列の数値は，受動部品の許容誤差を加味して考えられた数値です。E6系列（許容誤差±20％）以外に，E12系列（許容誤差±10％），E24系列（許容誤差±5％）などが用いられることが多いです。（コラム3参照）

波括弧 {　　} でくくることで，素子値を変数にでき，「.param」コマンドで数値を代入できるようになります。

- C1：素子値を「{mc(10u,tol_c)}」とします（中心値10 μF，誤差tol_c(= 0.2)）。
- L1：素子値を「{mc(2.5m,tol_l)}」とします（中心値2.5 mH，誤差tol_l(= 0.2)）。

　以上の設定を終えたら，「Run」ボタンを押してシミュレーションを開始します。1000回のAC解析を繰り返すので，かなり計算時間がかかりますが，回路図画面の左下部に［Run: n/1000］のように，現在進行している繰り返し回数が表示されるので，進行状況がわかります。計算が完了した時点でグラフ枠が表示されるので，ラベル「OUT」に電圧プローブを配置します。この結果，図7-11の振幅伝達関数が表示されます。同時に位相伝達関数も表示されますが，今回は削除しました。図のようにV(out)のピーク周波数が，1 KHzを中心にして左右に分布していることがわかります。このグラフ表示だけではわかりにくいので，回路図（図7-10）下部の「.meas」コマンドによるf0（ピーク周波数）とQf（Q値）の自動計測データで結果を整理してみます。グラフ上で右クリックして，「View」⇒「Spice Error Log」を選択すると，図7-12のように自動計測の結果がリスト形式で表示されます。このデータをコピーし，テキストエディタを使って不要な文字等を削除するなどして，MS-EXCELにデータを貼りつけるとグラフ作成が自由にできます。

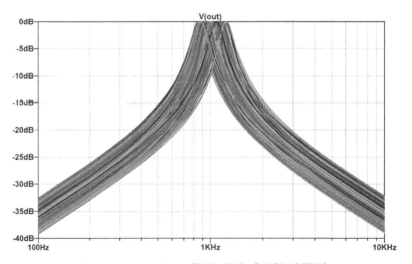

図7-11　モンテカルロ解析の結果（振幅伝達関数）

Measurement: f0		Measurement: qf	
step	mag(v(out))=ap	step	10**(f0/bw/20)
1	1061.7	1	(4.68346dB,0°)
2	993.116	2	(6.94989dB,0°)
3	881.049	3	(5.87307dB,0°)
4	1009.25	4	(7.96198dB,0°)
5	1044.72	5	(6.55493dB,0°)
6	1132.4	6	(5.42135dB,0°)
7	988.553	7	(6.37391dB,0°)
8	1221.8	8	(6.01916dB,0°)
9	1025.65	9	(5.24207dB,0°)
10	966.051	10	(6.50727dB,0°)

図7-12　ピーク周波数（f0）とQ値（Qf）の自動計測結果（SPICE Error Log の一部）

　図7-13は，得られたデータを加工して作成した，ピーク周波数f0とQ値の分布を示すヒストグラムです。この図によると，ピーク周波数は850〜1249 Hzの間で分布しており，最大度数は1000〜1049 Hzの階級にあります。また，Q値は主に4.5〜8.4の間で分布しており，最大度数は6.5〜6.9の階級にあります。実際には，L，C，Rの素子値が誤差±20％の間で均一に分布しているとは限りませんが，各部品の誤差を人手で組み合わせて回路の特性ばらつきを実験検証するのは，事実上不可能です。したがって，モンテカルロ解析はLTspiceの大変強力な機能といえます。また，本節では，mc関数を使ったシミュレーションの結果を示しましたが，gauss関数を使用しても同様なばらつきシミュレーションが可能で，一様な誤差分布の場合とはまた違った結果が得られるはずです。

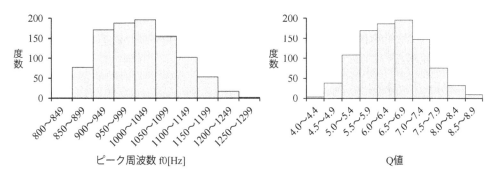

図7-13　LC共振回路のピーク周波数とQ値の分布（mc試行回数1000回）

回路素子の温度変化は部品の特性に影響を与えます。特に半導体素子は温度係数[5]が大きいので，温度変化の影響を調べて，必要なら設計段階で温度補償[6]をすることが望まれます。本節では，半導体素子としてダイオードとMOS-FETの回路を例にして，温度特性解析の手法を説明します。

（1）ダイオードの温度特性

3.1節でも説明しましたが，ダイオードにかける電圧Vと流れる順方向電流Iの間には，順方向電流が逆方向飽和電流よりも十分大きい領域では，(7.2)式で近似できます。

$$I \approx I_{\mathrm{S}} \exp\left(\frac{qV}{kT}\right) \tag{7.2}$$

ここで，qは電子の電荷，kはボルツマン定数，Tは絶対温度，I_{S}は逆方向飽和電流です。さらに，I_{S}は (7.3)式で与えらえます。

$$I_{\mathrm{S}} \approx A_{\mathrm{S}} \exp\left(\frac{-E_{\mathrm{g}}}{kT}\right) \tag{7.3}$$

ただしE_{g}はpn接合材料（Siなど）のバンドギャップエネルギーで，単位は[eV]です。この (7.3)式を (7.2)式に代入すると，

$$I \approx A_{\mathrm{S}} \exp\left(\frac{-E_{\mathrm{g}}}{kT}\right) \exp\left(\frac{qV}{kT}\right) \tag{7.4}$$

となります。(7.4)式の右辺に絶対温度Tが入っていることから，ダイオードの電流－電圧特性は温度で変化します。厳密には (7.3)式において，係数A_{S}も絶対温度Tの3乗に比例するのですが，指数部分の方が温度に対する変化が大きいので，以下A_{S}の温度依存性は無視して説明します。(7.4)式をVについて解くと，

$$V \approx \frac{kT}{q} \ln\left(\frac{I}{A_{\mathrm{S}}}\right) + \frac{E_{\mathrm{g}}}{q} \tag{7.5}$$

となります。(7.5)式の右辺はTとI以外はすべて定数です。そこで，Iを一定として (7.5)式の両辺を温度Tで微分すると，

$$\frac{\partial V}{\partial T} \approx \frac{k}{q} \ln\left(\frac{I}{A_{\mathrm{S}}}\right) \tag{7.6}$$

となります。これに (7.4)式を代入すると，

$$\frac{\partial V}{\partial T} \approx \frac{k}{q}\left(\frac{qV}{kT} - \frac{E_{\mathrm{g}}}{kT}\right) = \frac{1}{T}\left(V - \frac{E_{\mathrm{g}}}{q}\right) \tag{7.7}$$

と，バンドギャップE_{g}と電子の電荷qだけの式になります。E_{g}/qは電圧の次元をもっており，「バンドギャップ電圧」と呼ばれます。Siの場合バンドギャップ電圧は1.11 Vなの

5　単位温度変化に対する素子の特性変化（抵抗なら抵抗値，キャパシタなら静電容量）の割合。単位は[ppm/℃] = [10^{-6}/℃]で与えられます。

6　温度変化で特性が変動する電子部品や電子回路に対し，その変動を補正するしくみを設計的に組み込むこと。

で，常温300 Kにおいて（7.7）式は，

$$\left.\frac{\partial V}{\partial T}\right|_{\mathrm{Si},\,T=300,} \approx \frac{(V-1.11)}{300}\ \mathrm{[V/K]} \tag{7.8}$$

となります。順方向電圧を$V = 0.7$ Vとすると，（7.8）式より，T = 300 K（27℃）において，Siダイオードの電圧温度係数は，-1.37 mV/Kという負の値になります。つまり，一定の電流を保ちながら，ダイオードが動作する温度を1 K上昇させると，順電圧は1.37 mV減少するということです。実際に，このような原理にもとづくダイオード式温度センサが使われています。以下，ダイオードの温度特性をシミュレーションで調べてみます。

図7-14はダイオードの温度特性を測定する回路です。Siダイオードとして，2.1節で使用した「1N4148」を使います。これに電圧源V1で電流を流すようにしています。実験では，直接ダイオードを電源につなぐと電流が流れすぎる危険性があります。そこで，図2-3で示したようにダイオードに直列に抵抗を入れたほうがよいのですが，ここではダイオードにかかる電圧と流れる電流の関係を調べるために，直接つないでいます。回路図の下部に「.dc」ディレクティブを配置して，電圧と温度を同時にスイープするようにしています。この操作法は以下のとおりです。

- 回路図の空白部で右クリックして，「Edit Simulation Cmd.」を選び，「Edit Simulation Command」フォームを開き，「DC Sweep」タブ内で必要なパラメータを設定します（図7-15）。
- 左図のように，1st SourceタブでV1のスイープ条件を設定し，2nd Sourceタブで温度のスイープ条件を設定します。特に，2nd Sourceタブの「Name of 2nd Source to sweep」欄には「TEMP」（または「temp」）と入力して，温度スイープを設定します。また，図7-15では「7，17，27，37，47」と，10℃おきに5点の温度を下欄の入力枠に修正入力しました[7]。
- すべて入力したら「OK」ボタンを押して，回路図上の所定の位置に「.dc」ディレクティブを配置してください。

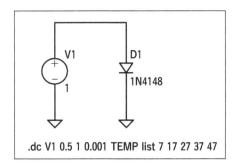

.dc V1 0.5 1 0.001 TEMP list 7 17 27 37 47

図7-14　ダイオードの電流－電圧特性の温度変化を調べる回路（Ex7_4）

7　LTspiceをはじめとするSPICEシミュレータでは明示的に温度設定しない場合，基準温度「300 K = 27℃」で計算が行われます。

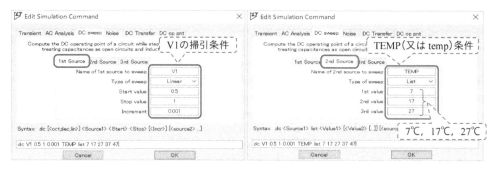

図7-15 DCスイープの設定：「1st Source」タブでV1の掃引を設定し、
「2nd Source」タブで温度の掃引を設定する。

図7-16にシミュレーションを開始して、電流プローブをダイオードD1に設定して得られたグラフを示します。27℃を中心にして±20℃の範囲で10℃ずつ温度を変えてプロットされています。図中の表は、I(D1) = 100 mAの条件で、十字カーソルを使って読み取った電圧を示しています[8]。この結果、10℃の温度変化に対して、-13 mV〜-13.3 mVの電圧変化となっており、「1N4148」の温度変化率は、-1.3 mV/℃（@100 mA）ということがわかります。この結果は (7.8)式による理論値（-1.37 mV/K）とも近い値です。

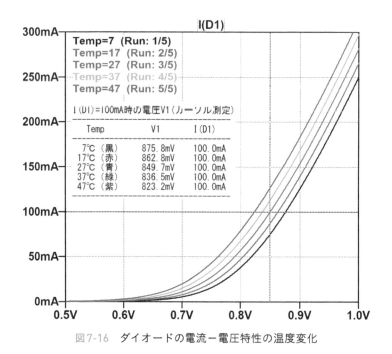

図7-16 ダイオードの電流－電圧特性の温度変化

（2）nMOS-FET定電流源の温度特性

ここでは，4.3節で説明した，ディプレション形のnMOS-FETを使った定電流回路の温度特性について解析し，その温度補償について考えます。

まず図7-17にFETの$I_D - V_{GS}$特性の温度依存性を調べる回路を示します。今回は基準温度27℃に対して，±80℃離れた温度で特性をシミュレーションします。先に図7-15で説明したのと同じく，DCスイープの設定をしてください。1st SourceタブでV1の掃引を「−2.2 V〜0 Vの間で10 mVおきに掃引」するように設定し，2nd Sourceタブで3点の温度を「−67℃，27℃，107℃」と設定します。

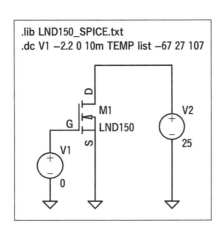

図7-17　nMOS-FETのV_{GS}–I_D特性の温度依存性を調べる回路（Ex7_5）

図7-18にM1のドレーン端子にプローブを置いて得た，$I_D - V_{GS}$特性のグラフを示します。図のように，3本の$I_D - V_{GS}$曲線が交差する点（$V_{GS} = -1.411$ V，$I_D = 272$ μA）があり，この点の前後で27℃の曲線に対する高温側と低温側の電流軸に沿った上下の位置関係が逆転しています。すなわち，$I_D = 272$ μAの上側の領域では107℃の曲線が27℃の曲線の下側になる「負の温度係数（$\Delta I_D/\Delta T < 0$）」の領域であり，$I_D = 272$ μAの下側の領域では107℃の曲線が27℃の曲線の上側になる「正の温度係数（$\Delta I_D/\Delta T > 0$）」の領域であると説明できます。また，図7-18にはグラフの原点と3本の曲線の交差する点を通る直線を描いています。これは，以前4.3節で，（4.46）式で説明した，自己バイアスの負荷線です。この直線の傾き$-1/R_1$を使って，ソース端子とグラウンドの間に挿入する抵抗値を設定することで，温度補償された「自己バイアス」回路が設計できるということです。この抵抗値は，これらのデータをもとに次のように決まります。

$$R_1 = \frac{|V_{GS}|}{I_D} = \frac{1.411 \text{ V}}{272 \text{ μA}} \approx 5.2 \text{ kΩ} \tag{7.9}$$

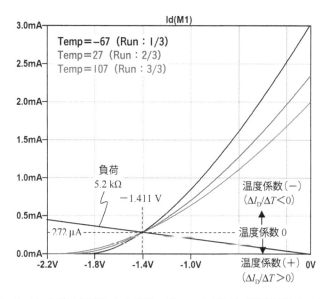

図7-18 I_D-V_{GS}曲線の温度による変化：V_{GS}＝−1.411 Vで温度係数0になっている

次に，求めた抵抗値を用いたシミュレーション回路を図7-19に示します。

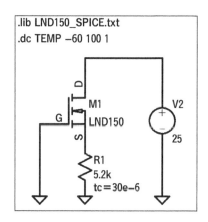

図7-19 R1を5.2kに設定したMOS-FET電流源のテスト回路（Ex7_6）

回路図の上側には，温度のDCスイープのコマンドを設定しています。今回の回路では図7-17の電圧源V1を削除してゲート端子を接地し，ゲート電位を0Vに固定しています。DCスイープはTEMPだけとして，−60℃から100℃の範囲を1℃おきにスイープしています。また抵抗R1に温度係数を設定しました[9]。次のように入力します。

● R1のシンボル上で[CTRL]＋右クリックします。

9 抵抗の温度係数は製造メーカーによっても異なると思いますが，次のような値が雑誌に公表されているので参考にしてください。（炭素被膜抵抗：−100〜−850 ppm/deg，金属皮膜圧膜チップ抵抗：±100（10 Ω〜1M Ω）〜±200 ppm/deg（1.02 MΩ〜10 MΩ），金属箔抵抗：±0.3 ppm/deg）（出典：トランジスタ技術SPECIAL，No.102，CQ出版）

● 図7-20のように,「Component Attribute Editor」フォームで「Value2」に「tc = 30e-6」
と入力します。

以上のようにして,一次の温度係数として+30 ppm/℃と設定します。もし2次以上の
温度係数のデータがあれば,カンマで区切って入力してください。

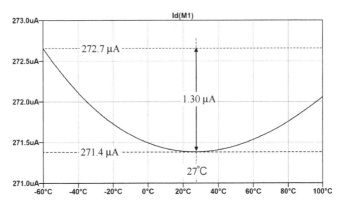

図7-20　抵抗の温度係数設定

以上のように回路図の入力を終えたら,「Run」ボタンを押してシミュレーションを開始
し,M1のドレーン端子に電流プローブを配置すると,図7-21のグラフが得られます。横
軸がDCスイープした温度で,−60℃から100℃の間でプロットされています。縦軸はド
レーン電流です。図のように,27℃付近で温度変化に対する出力電流変化が0($\Delta I_D/\Delta T =$
0)になり,温度補償されている様子がわかります。また,−60℃〜100℃の温度変化に
対して,ドレーン電流の変化はわずか1.3 μAです。これは,検出限界を下回るほどの小
さな値です。27℃におけるドレーン電流は271.4 μAで,図7-18で事前検討した値ともよ
く一致しています。

図7-21　ドレーン電流Idの温度変化：27℃付近でドレーン電流の温度による変化が
ゼロ($\Delta I_D/\Delta T = 0$)になり,温度補償されている様子がわかる

コラム6 電源ICのテスト回路を利用する

　LTspiceを使用する大きなメリットとして，リニアテクノロジー社，アナログ・デバイセズ社（ADI社）の各種ICのSPICEモデルと，各ICのテスト回路が利用できることがあります。両社の豊富な電源ICのテスト回路を使うとで，これらのICを利用するための設計検討に要する時間を短縮できます。以下に，「LTC3105」いう昇圧DC/DCコンバータICを例に，テスト回路を利用する方法を説明します。このICはわずか250 mVの入力電圧で動作し，最大5.0 Vに昇圧して出力できるICです。主に，太陽電池や熱電変換素子といった，「環境発電素子」から得られる電力を利用するための電源ICです。

　まず，LTspiceを起動して，「New Schematic」ボタンで空白の回路図シート図を作ります。次に，「Component」ボタンで「Select Component Symbol」フォームを開きます。その後，図C6-1のように，フォームの型名入力欄に「LTC3105（又は3105）」と入力し，「Open this macromodel's test fixture」をクリックしてテスト回路を開きます（図C6-2）。

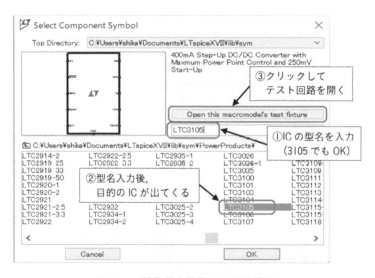

図C6-1　部品選定画面からICを選ぶ

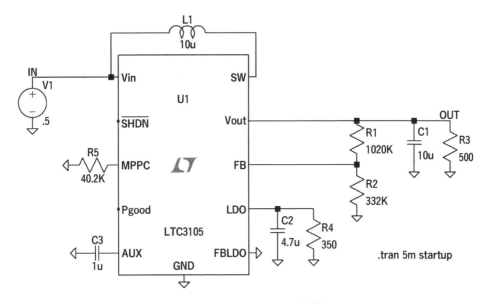

図C6-2　LTC3105のテスト回路

　図C6-2内で設定された「.tran」ディレクティブにより過渡解析を実行した結果を図C6-3に示します。「LTC3105」のデータシートによると，出力電圧は，Vout端子とFB端子に接続された抵抗R2，R1を用いて，$V(\mathrm{OUT}) = 1.004 \cdot (\mathrm{R1/R2}+1)$　という式で計算できます。この式に図C6-2の抵抗値を代入すると，$V(\mathrm{OUT}) \approx 4.09$ Vとなり，図C6-3の3 ms以降の到達電圧と一致しています。ここで「.tran」ディレクティブに使用されている「startup」というオプションは，「外部DC電源を0 Vから直線的に立ち上げる」という意味です。図C6-2の回路では，「環境発電素子」に相当するDC電源V1はシミュレーション開始後0～20 μsで0 Vから0.5 Vに立ち上がります。さらに，図C6-2の「LTC3105」のシンボル上で右クリックして図C6-4の画面を開き，「Go to Analog's website for datasheet」ボタンをクリックすると，ADI社のWebサイトにリンクしており，当該ICのデータシートを閲覧できて便利です。

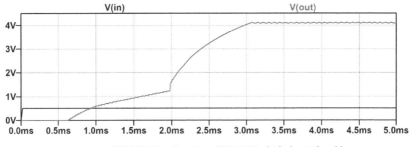

図C6-3　過渡解析で得られた電圧波形（V(in)，V(out)）

図C6-4 ICのシンボル上で右クリックして開いた画面

非線形抵抗のモデルを作る

　抵抗は，端子間に印加する電圧*V*に対して流れる電流*I*が比例します。これに対して，例えば白熱電球，LEDなどの回路素子は印加する電圧に対して電流が非線形に変化します。ここでは，非線形なI-V特性をもった回路素子をLTspiceで使用するためのモデル作成法について紹介します。

　図C7-1は小形白熱電球（定格12 V，60 mA，1.9 lm）に印加する電圧を，0.3 V〜12 Vの間で変化させて流れる電流を実測し，実測点（•印）に対する近似曲線（破線）を2次関数で求めたものです。この電球をLTspiceで利用することを想定します。

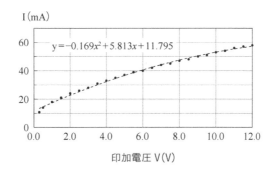

$$y = -0.169x^2 + 5.813x + 11.795$$

図C7-1　白熱電球の印加電圧*V*に対する電流*I*の変化（実測）

　図C7-2と図C7-3を参考に，以下の手順で回路情報を入力してください。

・新規回路図上で「r」を押して，抵抗Rを配置する。

・Rのシンボル上でctrl+右クリックして「Component Attribute Editor」を開く。
　⇒ Prefix = X，InstName = X1に変更する，Value欄の"R"を削除する。
　⇒ SpiceLine欄を，次に作成する「SBCKT」名に合わせて「Lamp」とする。
　また，回路図上に表示する項目のVis欄をクリックし「X」にする。

・非線形抵抗の等価回路モデルを入力する。
　⇒ 回路図上で「s」を押してSpice directive Editorを開き，図C7-3を参考にして「.SUBCKT」ディレクティブを設定する。2行目の「G1」が電圧制御電流源（Voltage Dependent Current Source）を定義しています。実験で求めた多項式で2端子間の印加電圧「V(1, 2)」と電流「VALUE」の関係を決めています。以上の「Voltage Dependent Current Source（G素子）」と，「SUBCKT」の文法については，メニューバーのHelpより検索して参照ください。

　図C7-3の回路でDCスイープを実行し，ランプ部品「X1」を流れる電流をシミュレートした結果が図C7-4で，図C7-1の実測データを再現できていることがわかります。

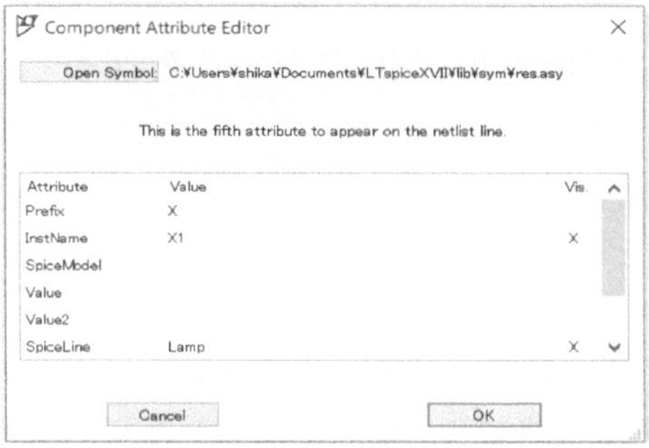

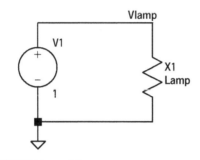

図C7-2　Component Atrribute Editorによる設定変更

.dc V1 0 12 0.1

Vlamp

V1

X1
Lamp

1

.SUBCKT Lamp 1 2
G1 1 2 VALUE={(−0.169*V(1, 2)**2+5.813*V(1, 2)＋11.795)*(10**(−3))}
.ENDS

図C7-3　白熱電球の特性確認回路（Ex_C7）：白熱電球の等価回路を「.SUBCKT」ディレクティブで設定し，DCスイープで印加電圧を変化させる。

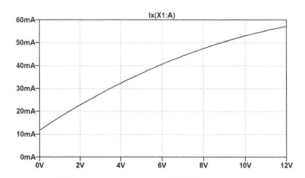

図C7-4　印加電圧V1に対するランプ電流のシミュレーション結果

7.4 …… 周波数特性解析

　本節では，MOS-FETを使った音声帯域用の増幅回路に関して，出力信号の周波数解析を行います。

　オーディオ用の増幅回路では，波形に含まれる高調波成分により，出力音の聞こえ方に大きな影響があることが知られています。前節で温度特性解析に使ったnMOS-FET「LND150」を使って，ソース接地回路を作ります。4.3節で$I_D - V_{GS}$特性（図4-26），$I_D - V_{DS}$特性（図4-28）を調べた結果を利用して，以下のように増幅回路を設計します。

- 簡単のため，直流バイアス点を，$V_{GSQ} = 0$ V，$I_{DQ} = I_{DSS} = 2.34$ mAとします。
- $I_D - V_{DS}$特性を参照して，$V_{DSQ} = 5$ Vとします。
- 電源電圧V_{DD}はこの2倍程度でもよいが，余裕をみて15 Vとします。よって，ドレーン側の負荷抵抗による電圧降下は10 Vゆえ，抵抗値は10 V/2.34 mA≈4.3 kΩとします。以上の考え方で作成した回路図を図7-22に示します。ドレーン端子の配線から，（C1，R2）からなるHPFで直流成分をカットして出力を取り出していますが，その遮断周波数は0.5 Hzと音声信号の最低周波数（20 Hz）より十分低く設定しました。またV1で周波数1 kHz，振幅0.1 Vの入力信号を設定しました。交流電源は直流的には接地と同じですから，V1をG端子に直結することで，$V_{GSQ} = 0$ Vとしています。以下，周波数特性解析特有の設定について説明します。

- 「.tran」ディレクティブ：「.tran 0 20ms 0 1n」と，Maximum Timestep = 1nsを付け加えてあります。これによって，過渡解析の最大時間刻み幅を強制的に小さくできます。LTspiceは過渡解析を実行中に，回路の状態変化が小さいと自動的に時間刻み幅を大きくして計算時間を節約する場合があります。高音質のオーディオアンプなど，細かな歪を分析したい場合，時間刻み幅を小さくすることで，取り扱う信号の滑らかさが向上します。

- 「.four」ディレクティブ：過渡解析の結果をフーリエ変換して，基本波成分（1 kHz）と，回路の歪で生じた高調波成分（2 kHz，3 kHz，……）の実効値を計算し，信号の歪となる高調波成分の混入割合（THD：Total Harmonic Distortion（全高調波歪率））を計算します。もとの信号の実効値をV_1とし，その整数倍の周波数成分の実効値をV_2，V_3，……とすると，THDは次式で定義されます。

$$\text{THD} = \frac{\sqrt{V_2^2 + V_3^2 + V_4^2 + \cdots V_n^2}}{V_1} \tag{7.10}$$

コマンドの簡易書式は，「.four 基本周波数　信号名」です。

- FFT：LTspiceでは，過渡解析で得た波形から周波数解析をするためのFFT（Fast Fourier Transform（高速フーリエ変換））機能が利用できます。本書では，FFTのアルゴリズム他の詳細については解説を省略します。図7-22の回路図では，解析結果の精度を確保しつつ，計算時間の短縮を図るために，以下の「.options」ディレクティブを設定しています[10]。

- 「.options nomarch」：シミュレーション中に時間を食う「波形表示」をさせない。

- 「.options plotwinsize＝0」：シミュレーション結果の表示データ圧縮を無効にします。
- 「.options numdgt＝15」：シミュレーションの計算精度を「倍精度演算」[11]にします。

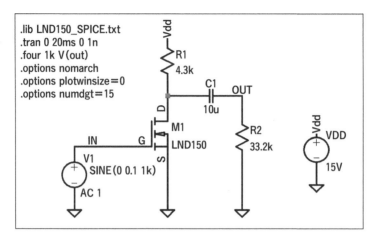

```
.lib LND150_SPICE.txt
.tran 0 20ms 0 1n
.four 1k V(out)
.options nomarch
.options plotwinsize=0
.options numdgt=15
```

図7-22　周波数解析に使うソース接地回路（Ex7_7）

　以上の回路入力が終わったら，「Run」ボタンを押してシミュレーションを開始してください。「.tran」ディレクティブで指定した細かい時間刻み幅で，波形表示を省略して過渡解析が進します。画面左下に進行状況が「Simulation Time」として表示されますが，この値が20 ms（100％）になってもグラフウインドウが表示されるまでさらに時間を要します。自然にウインドウが開くまで，ゆったりと待ってください。なれないうちは，「.tran」ディレクティブにおいて，「Maximum Timestep＝1ns」を大きくし，全体の流れを把握してから再度1nsに戻すとよいでしょう。過渡解析の終了後，電圧プローブをラベル「IN」，「OUT」に配置して得られた波形図を図7-23に示します。出力信号の正負の対称性は良好で，入力信号（0.2 V_{PP}，1 KHz）に対して，反転した出力信号（1500 mV_{PP}）が得られています。増幅度は1500/200 = 7.5倍（17.5 dB）です。

10　「.OPTIONS」のコマンド書式と内容説明は，次のようにたどると確認できます。「F1」キー⇒「目次」タブ
　　⇒ LTspice XVII ⇒ LTspice® ⇒ Dot Commands ⇒ .OPTIONS – Set Simulator Options
11　numdgtの設定値が7以上で倍精度演算になります。

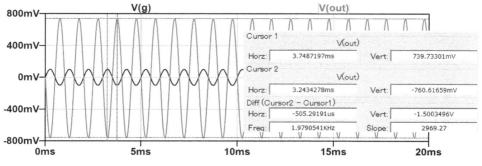

図7-23　過渡解析の実行結果（VDD = 15 V）

　次に，この波形図上で右クリックして，「View」⇒「FFT」を選択すると，図7-24の「Select Waveforms to include in FFT」画面が開きます。この画面で，FFT計算に必要な以下の設定をしてください。

- 画面上部の枠で，FFT計算をする信号を選びます（「CTRL」を押しながら複数選択可）
- Number of data point samples in time：2^n毎に変化します。今回は$2^{16} = 65536$とします。

このデータ点数の設定で，次のようにしてFFT計算の最高周波数f_{max}が決まります。過渡解析の時間幅をT_{max}，データ点数をNとすると，各データ点の時間間隔ΔTは，

$$\Delta T = \frac{T_{max}}{N} \tag{7.11}$$

となります。このΔTを使って，FFT計算の最高周波数f_{max}は（7.12)式で与えらえます。

$$f_{max} = \frac{1}{2(\Delta T)} = \frac{N}{2T_{max}} \tag{7.12}$$

また，FFT演算後の周波数データのきざみ幅Δf(周波数分解能）は，

$$\Delta f = \frac{1}{T_{max}} \tag{7.13}$$

となります。つまり時間幅T_{max}を大きくすると，より細かくスペクトルを計算できますが，計算時間がかかるので，シミュレーションの目的に応じて設定してください。

〈数値例〉

$N = 2^{16} = 65536$，$T_{max} = 20$ msとすると，

最高周波数：$f_{max} = \dfrac{N}{2T_{max}} = \dfrac{65536}{2 \times 20 \times 10^{-3}} = \dfrac{6.5536 \times 10^4}{4 \times 10^{-2}} \approx 1.6$ MHz

周波数分解能：$\Delta f = \dfrac{1}{T_{max}} = \dfrac{1}{20 \text{ ms}} = 50$ Hz　となる。

- Binominal Smoothing done before FFT and windowing：「1」を選ぶ。
- Windowing Function：ウインドウ関数を使う明確な理由がないときは（none）を選ぶ。

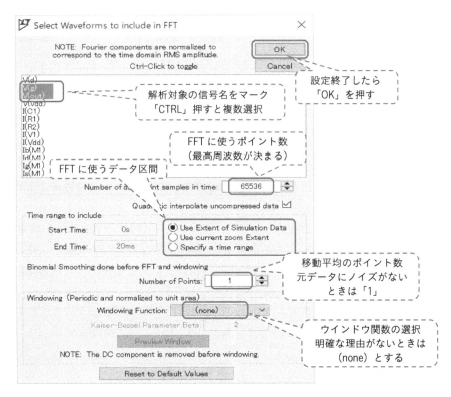

図7-24　FFT計算の条件設定画面

設定が終わり，「OK」ボタン押すと図7-25の画面が出るので，プロットしたい信号名を選んで「OK」ボタンを押してください。

図7-25　プロットする信号名の選択画面

　次に，FFT結果である周波数特性のグラフが表示されるので，グラフ画面上で右クリックして，「Add Plot Plane」でプロット枠を追加して信号別のグラフに分けます。今回の解析結果を表示する場合，横軸は線形表示（Logarithmicのチェックを外す），縦軸はdB表示にすると見やすいです。dB表示は次数間のレベル差が大きいときに有効ですが，レベル差が小さいときは縦軸を線形表示にするとよいです。表示を整えた結果を図7-26に示します。

　図の右下の測定窓には，上段に表示したV(out)の基本周波数成分（1 kHz），2次高調波成分(2 KHz)の情報を表示しています。これから，2次高調波が基本周波数成分に対して−42.7 dB（1/136）の小さな振幅であることがわかります。「増幅回路の2次高調波特性がサウンド・クオリティを決定する重要な要素である」とか，「原信号に対して1%程度の2次高調波が混入していると，音楽の聞こえが心地よくなることがある」という主観評価に関する情報もあります。したがって，2次/1次の振幅比（−42.7 dB）は増幅回路の電気特性としては十分許容でき，音のクオリティについては主観評価での判断を行うに足るものと考えらえます。3次高調波成分も同時に表示されていますが，基本波成分より90 dB程度低く問題にならないレベルと考えられます。図7-27にTHD解析結果を示します。図7-23の時間波形画面上で右クリックして，「VIEW」⇒「Spice Error Log」でログ画面を表示させたものです。1次〜9次の周波数成分を使った計算の結果，THD = 0.74%という結果が表示されています。

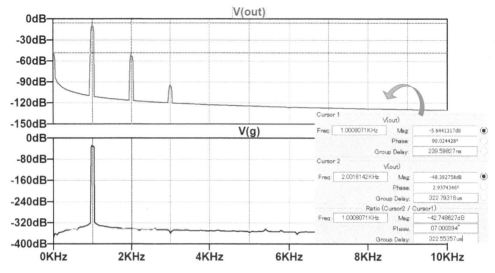

図7-26 ソース接地回路の周波数特性 (VDD = 15 V)

```
Harmonic      Frequency      Fourier       Normalized      Phase        Normalized
Number          [Hz]        Component      Component      [degree]      Phase [deg]
   1         1.000e+03      7.505e-01      1.000e+00      -179.98°         0.00°
   2         2.000e+03      5.561e-03      7.409e-03        90.03°       270.01°
   3         3.000e+03      3.623e-05      4.827e-05       179.93°       359.90°
   4         4.000e+03      9.936e-07      1.324e-06      -164.18°        15.80°
   5         5.000e+03      8.441e-07      1.125e-06       176.59°       356.57°
   6         6.000e+03      6.508e-07      8.670e-07       179.99°       359.97°
   7         7.000e+03      6.053e-07      8.065e-07       175.54°       355.52°
   8         8.000e+03      4.992e-07      6.651e-07      -179.99°        -0.02°
   9         9.000e+03      4.716e-07      6.283e-07       174.77°       354.75"
Total Harmonic Distortion: 0.740896%(0.740895%)
```

図7-27 V(out) 波形のTHD解析結果 (VDD = 15 V)

　以上に説明したVDD = 15 Vの場合と比較するために，VDD = 12.5 Vとした場合のデータについて説明します。図7-28～図7-30がその解析結果です。過渡解析の波形（図7-28）では，V(out) の正負の非対称性が目立ちます。FFTの波形（図7-29）では，2次高調波のレベルが1次の成分に比べて−24.4 dB（振幅比1/17）と上昇し，さらに，4次～10次を超える成分が見られるようになりました。THD（図7-30）は7.4％とVDD = 15 Vのときに比べて10倍の歪成分が含まれています。双方の評価結果のまとめを表7-1に示します。この程度歪が増えると時間波形にも正負非対称性などの差異が出てきますが，周波数特性を解析することで，歪の性格を多面的に数値化して分析できるので，微妙な回路特性の改善には大いに役立つだろうということがわかります。また，本回路にVDDを微調整する機能を実装して，音質の変化を主観評価する実験を行うと面白いと思います。

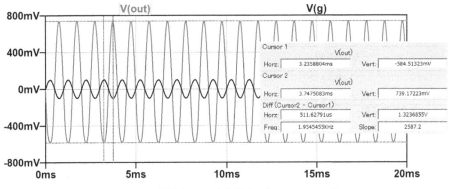

図7-28 過渡解析の実行結果（VDD = 12.5 V）

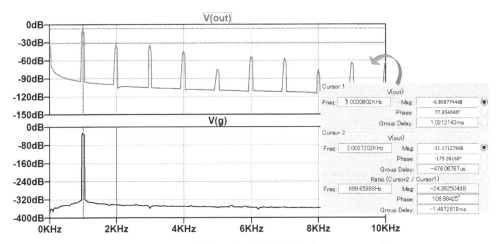

図7-29 ソース接地回路の周波数特性（VDD = 12.5 V）

```
Fourier components of V(out)
DC component:0.027499

Harmonic    Frequency    Fourier      Normalized   Phase       Normalized
Number      [Hz]         Component    Component    [degree]    Phase [deg]
   1        1.000e+03    6.879e-01    1.000e+00    -179.98°      0.00°
   2        2.000e+03    4.131e-02    6.006e-02    -89.98°      90.00°
   3        3.000e+03    2.737e-02    3.979e-02    -180.00°     -0.02°
   4        4.000e+03    1.024e-02    1.488e-02    89.96°      269.94°
   5        5.000e+03    3.333e-04    4.845e-04    179.97°     359.95°
   6        6.000e+03    3.861e-03    5.613e-03    89.93°      269.91°
   7        7.000e+03    2.718e-03    3.951e-03    -0.01°      179.96°
   8        8.000e+03    2.280e-04    3.314e-04    -89.27°      90.71°
   9        9.000e+03    1.240e-03    1.803e-03    -0.02°      179.96°
Total Harmonic Distortion: 7.390687%(7.393870%)
```

図7-30 V(out) 波形のTHD解析結果（VDD = 12.5 V）

表7-1　ソース接地回路の出力特性評価結果

電源電圧 V_{DD}		15 V	12.5 V
出力振幅		+0.740 V −0.761 V	+0.739 V −0.585 V
増幅度		7.51	6.62
FFT波形	2次/1次振幅比	−42.7 dB	−24.4 dB
	3次以上の成分	3次のみ	10次以上
THD（全高調波歪）		0.74%	7.4%

　以上，本書では電子回路の基礎知識の解説と同時に，LTspiceの基本的な利用法・操作方法を説明してきました。また第7章では，有用性が高いと思われる項目を厳選して，LTspiceのより進んだ使い方を紹介しました。ページ数の制約もあり，深い説明ができなかった項目もありましたが，ここまで実際にPCを操作しながらシミュレーションの追体験をしてきた方は，教科書に掲載されていたような基礎的な回路と非常に深く「対話」する体験ができたことでしょう。以後は目的に応じた回路図を回路図ウインドウに作って，適切な信号源を用意し，シミュレーションのタイプを目的に応じて選び，実物の回路を作るまでに回路の動作を事前検討することができるようになっているはずです。教室で学んだ電子回路の知識をさらに深め実践的なものとする強力なツールとして，LTspiceを利用していただければ幸いです。

memo

参考文献

〈電子回路関係〉

[1] 藤井信生：アナログ電子回路の基礎，オーム社

[2] 藤井信生，岩本洋監修：最新電子回路入門，実教出版

[3] 石橋幸男：アナログ電子回路，培風館

[4] 松澤昭：はじめてのアナログ電子回路，講談社

[5] 鈴木雅臣：定本続トランジスタ回路の設計，CQ出版社

[6] 馬場清太郎：OPアンプによる実用回路設計，CQ出版社

[7] 堀桂太郎監修，船倉一郎著：電子回路の基礎マスター，電気書院

[8] 知識の森 1群7編 電子回路（電子情報通信学会：参照2022年1月）
   http://www.ieice-hbkb.org/portal/doc_563.html

〈LTspice関係〉

[1] 神崎康宏：電子回路シミュレータLTspice入門編，CQ出版社

[2] 堀米毅：LTspice部品モデル作成術，CQ出版社

[3] 青木英彦：LTspice XVIIリファレンスブック，CQ出版社

[4] LTspice Users Club（参照2022年1月）　https://www.ltspice.jp/

[5] LTwiki（参照2022年1月）　http://ltwiki.org/

[6] LTspice LTspice@groups.io（参照2022年1月）　https://groups.io/g/LTspice

[7] Analog Devices社のLTspiceページ（参照2022年1月）
   https://www.analog.com/jp/design-center/design-tools-and-calculators/ltspice-simulator.html

付録　LTspiceのショートカット・キー

　LTspiceの操作に慣れてくると，ショートカット・キーを使うことで回路入力やビューワ画面の表示波形操作の効率が上がります（表）。これらを全部覚える必要はないですが，よく使う機能から徐々に使えるものを増やしていくとよいでしょう。

表　回路図エディタ・波形表示画面のショートカット・キー

	キー	機能	キー	機能
回路図エディタ	F2	回路部品を追加	Ctrl+Z	ズーム・イン
	F3	配線を接続	Ctrl+B	ズーム・アウト
	F4	ノードにラベルを付ける	Space	全体表示
	F5 or Delete	削除	Ctrl+G	Grid表示/非表示切替
	F6	コピー	S	SPICEコマンドを追加
	F7	Move	R	抵抗を追加
	F8	Drag	C	キャパシタを追加
	F9	Undo	L	インダクタを追加
	Shift F9	Redo	D	ダイオードを追加
	Ctrl+E	シンボルの左右反転	G	GNDを追加
	Ctrl+R	シンボルの回転	T	コメント（Text）を追加
波形画面	F5 or Delete	削除	Ctrl+B	ズーム・アウト
	F9	Undo	Ctrl+G	Grid表示/非表示切替
	Shift F9	Redo	Ctrl+A	波形追加
	Ctrl+E	全体表示	Ctrl+Y	Y軸にフィット
	Ctrl+Z	ズーム・イン		

ま行　や行　ら行

memo

著者紹介

鹿間信介 博士（工学）
　三菱電機（株）の研究所，摂南大学理工学部教授を経て，
2022 年 4 月より大和大学理工学部教授

NDC549　　　235p　　　24cm

LTspice で独習できる！はじめての電子回路設計

2022 年 3 月 8 日　第1刷発行

著　者　　鹿間信介
発行者　　髙橋明男
発行所　　株式会社　講談社
　　　　　〒112-8001　東京都文京区音羽 2-12-21
　　　　　　販　売　(03) 5395-4415
　　　　　　業　務　(03) 5395-3615

KODANSHA

編　集　　株式会社　講談社サイエンティフィク
　　　　　代表　堀越俊一
　　　　　〒162-0825　東京都新宿区神楽坂 2-14　ノービィビル
　　　　　　編　集　(03) 3235-3701

本文データ製作　株式会社　双文社印刷
カバー・表紙印刷　豊国印刷　株式会社
本文印刷・製本　株式会社　講談社

ISBN 978-4-06-527407-1